职业教育工业机器人技术应用专业系列教材

亚龙智能装备集团股份有限公司校企合作项目成果系列教材

工业机器人工作站安装与调试（ABB）

主　编　蒋正炎　郑秀丽

副主编　方　宁　陈永平　徐鑫奇

参　编　王　辉　张绍洪　李　燕
　　　　张聚峰

机械工业出版社

CHINA MACHINE PRESS

本书以 YL-399 型工业机器人系统实训考核装备为载体，分为基础篇、应用篇和综合篇，主要讲解了基础工作站、搬运工作站、机床上下料工作站、焊接工作站、码垛工作站、涂胶工作站、装配工作站、伺服电机变位机工作站、自动生产线工作站等典型应用。本书从实际工程入手，从大量的真实工程项目中提炼出具有代表性的典型工业机器人工作站应用案例，由易到难，由单一到综合，完成工业机器人工作站安装与调试的项目化实践学习。

本书可作为职业院校工业机器人技术、机电一体化技术、电气自动化技术等制造类专业相关课程的教学用书，也可作为相关工程技术人员的参考书。

图书在版编目（CIP）数据

工业机器人工作站安装与调试（ABB）/蒋正炎，郑秀丽主编. —北京：机械工业出版社，2017.7（2024.8 重印）

职业教育工业机器人技术应用专业系列教材

ISBN 978-7-111-57376-0

Ⅰ.①工… Ⅱ.①蒋… ②郑… Ⅲ.①工业机器人-工作站-设备安装-职业教育-教材② 工 业 机 器 人-工作站-调试方法-职业教育-教材 Ⅳ.①TP242.2（2018.2 重印）

中国版本图书馆 CIP 数据核字（2017）第 153017 号

机械工业出版社（北京市百万庄大街 22 号　邮政编码 100037）
策划编辑：高　倩　责任编辑：高　倩　责任校对：刘秀芝
封面设计：路恩中　责任印制：郜　敏
北京富资园科技发展有限公司印刷
2024 年 8 月第 1 版第 12 次印刷
184mm×260mm · 12.75 印张 · 304 千字
标准书号：ISBN 978-7-111-57376-0
定价：37.00 元

序

中国制造 "2025" 宣告，中国制造业的转型升级已经处在进行时状态。它触动着各行各业的神经，也包括职业教育。

实现制造强国的战略目标，提高人才培养的质量，提升职业教育服务新产业、新业态、新商业模式、新生产生活方式的能力，是职业教育的职责，也是职业教育存在的价值。

在全球范围内，制造强国的实现路径和支撑条件各不相同，尽管传统的小作坊已被现代化的工业生产所取代，但沉淀下来的工匠精神和文化传统依旧应贯穿于现代生产制造中，并应从个体化的 "工匠" 行为演变为群体性的制造文化，成为推动现代制造业发展的灵魂。

中国由制造大国向制造强国迈进，由传统制造向智能制造转型，将产生哪些新的职业岗位，传统的职业岗位将发生什么变化，这些职业岗位的工作任务有哪些，完成这些工作任务需要哪些知识和操作技能……职业学校在思考、探索，教育装备企业也在思考、探索。

亚龙智能装备集团股份有限公司与职业学校教师合作编写的这套教材，是现阶段思考与探索的结果。本套教材的特色是：

一、教学内容与新职业岗位或职业岗位新的工作内容对接

中国制造2025有多个重点领域和突破方向，教材选取了数控装备、互联网+、机器人等方向，介绍这些新技术、新知识带来的新设备、新工艺和新方法。

新设备的安装与调试、使用与维护，新工艺和新方法的应用，是行业、企业在转型和技术改造升级中的主要问题，企业急需掌握智能装备安装调试和使用维护技术，懂得新工艺和新方法应用的高技能人才。

不同层次的人才在职业岗位上的工作任务是不相同的。我们把初、中级技能人才在职业岗位中的工作内容、知识与技能要求，编写在中职学校的教材中，把高级人才在职业岗位中的工作内容、知识与技能要求，编写在高职院校的教材中。教材的内容不仅与新的职业岗位或主要岗位新的工作内容对接，而且层次分明、对象明确。

二、理实一体的职业教育理念

不同的职业岗位，工作的内容不同，但包括资讯、决策、计划、实施、检查、评价等在内的工作过程却是相同的。

本套教材按照工作任务的描述、相关知识的介绍、完成工作任务的引导、各工艺过程的检查内容与技术规范和标准等工作学习流程组织内容，为学生完成工作任务的决策、计划、实施、检查和评价，并在其过程中学习专业知识与技能提供了足够的信息。把学习过程与工作过程、学习计划与工作计划结合起来，实现教学过程与生产过程的对接，有利于解决怎样做、怎样学、怎样教的问题。

三、将培养工匠精神贯穿在教学过程中

严谨执着、精益求精、踏实专注、尊重契约、严守职业底线、严格执行工艺标准的工匠

精神，不是一朝一夕能够养成的，而是在长期的工作和学习中，通过不断地反省、改进、提升形成的。教学过程，就是要让学生由"习惯是标准"转变为"标准是习惯"。

在完成教材设计的工作任务中，强调职业素养、强调操作的规范、强调技术标准，并按这些规范和标准评价学生完成的工作任务。

60分可以及格，90分可以优秀，但没有达到100%的要求，你就很难成为"工匠"。

四、遵循规律，循序渐进

知识的认知与掌握有自身的规律。本套教材按循序渐进的原则呈现教学内容、规划教学进程，符合职业学校学生认知和技能学习的规律。

这套教材是校企合作的产物，是亚龙与职业院校教师在我国由制造大国向制造强国迈进、由传统制造向智能制造转型过程中对职业教育思考与探索的结晶。它们需要人们的呵护、关爱、支持和帮助，才有生命力。

亚龙教育装备研究院
亚龙智能装备集团股份有限公司
陈继权
浙江温州

前　言

2015年，国务院印发了《中国制造2025》。《中国制造2025》被称为中国版的工业4.0。它借助于大数据、云计算、移动互联的时代背景，对企业进行智能化和工业化相结合的改进升级，实现智能工厂、智能生产、智能物流，明确了未来十年制造业的发展方向，实现我国制造业由大到强的转型目标。同时，确立了智能制造是"中国制造2025"的"主攻方向"，是落实《中国制造2025》的核心。

以工业机器人为引领的智能装备将会面临井喷式发展。2013年年底，工信部下发了《关于推进工业机器人产业发展的指导意见》，提出到2020年工业机器人密度（每万名员工使用机器人台数）将达到100台以上。据此估计，到2020年，国内工业机器人的保有量将达到60万台。伴随着工业机器人井喷发展的背后是一个巨大而急切的工业机器人应用人员的人才缺口。届时，国内工业机器人每年需求量将超过10万台，工业机器人应用人才缺口有30万。

为适应市场对技术、技能型人才的需求，本书以ABB公司的IRB 120和IRB 1410两种型号工业机器人为模型，详细讲解了工业机器人的基本操作、示教编程、工作站安装调试。本书面向中高等职业院校制造类相关专业的学生，分为基础篇、应用篇和综合篇。其中，基础篇部分结合RobotStudio仿真软件，循序渐进、图文并茂地讲解了ABB工业机器人的具体操作过程；应用篇部分以亚龙智能装备集团股份有限公司的YL-399型工业机器人系统实训考核装备为载体，讲解了基础工作站搬运工作站、机床上下料工作站、焊接工作站、码垛工作站、涂胶工作站、装配工作站安装与调试；综合篇部分讲解伺服电机变位机工作站、自动生产线工作站安装与调试、YL-399A型工业机器人弧焊设备安装与调试和YL-R120B鼠标装配实训系统安装与调试。教学资源开发了所有工作站虚拟仿真教学环境，可使学习者在RobotStudio软件中先离线编程实现功能，再在工业机器人系统实训考核装备上进行实战现场编程，由虚到实、虚实结合，充分利用软硬件实训系统。

本书由天津机电职业技术学院汤晓华教授系统指导，由常州轻工职业技术学院蒋正炎策划统稿。本书由蒋正炎和浙江工贸职业技术学院郑秀丽任主编，编写分工如下：上海电子信息职业技术学院陈永平编写第一篇和第二篇，浙江工贸职业技术学院郑秀丽、王辉共同编写第三篇和第四篇中的任务五~十三，蒋正炎编写第四篇中的任务十四和任务十五以及附录，佛山职业技术学院方宁、天津市经济贸易学校李燕、张聚峰负责本书配套资源建设，亚龙智能装备集团股份有限公司的徐鑫奇和张绍洪提供素材资源、教学环境和技术文件。在本书编写和资源开发过程中，得到了亚龙智能装备集团股份有限公司、ABB（中国）有限公司、常州轻工职业技术学院、浙江工贸职业技术学院、上海电子信息职业技术学院、天津机电职业技术学院、佛山职业技术学院、天津市经济贸易学校等单位有关领导、工程技术人员和教师的支持与帮助，在此一并表示衷心的感谢！

由于编者水平有限，书中难免存在不足和缺漏，敬请专家、广大读者批评指正。

编　者

目　录

序

前言

第一篇　绪论——走进工业机器人 ⋯⋯⋯⋯⋯⋯⋯⋯⋯⋯⋯⋯⋯⋯⋯⋯⋯⋯⋯⋯⋯⋯⋯ 1

第二篇　工业机器人基本操作（基础篇）⋯⋯⋯⋯⋯⋯⋯⋯⋯⋯⋯⋯⋯⋯⋯⋯⋯⋯⋯ 19

　　任务一　认识 YL-399 工业机器人实训装备 ⋯⋯⋯⋯⋯⋯⋯⋯⋯⋯⋯⋯⋯⋯⋯ 19

　　任务二　认识 ABB 工业机器人 ⋯⋯⋯⋯⋯⋯⋯⋯⋯⋯⋯⋯⋯⋯⋯⋯⋯⋯⋯⋯⋯ 24

　　任务三　示教器基本操作 ⋯⋯⋯⋯⋯⋯⋯⋯⋯⋯⋯⋯⋯⋯⋯⋯⋯⋯⋯⋯⋯⋯⋯⋯ 33

　　任务四　RobotStudio 软件的基本使用方法 ⋯⋯⋯⋯⋯⋯⋯⋯⋯⋯⋯⋯⋯⋯⋯⋯ 38

第三篇　YL-399 工业机器人实训装备基础应用（应用篇）⋯⋯⋯⋯⋯⋯⋯⋯⋯ 63

　　任务五　基础工作站安装与调试 ⋯⋯⋯⋯⋯⋯⋯⋯⋯⋯⋯⋯⋯⋯⋯⋯⋯⋯⋯⋯⋯ 63

　　任务六　搬运工作站安装与调试 ⋯⋯⋯⋯⋯⋯⋯⋯⋯⋯⋯⋯⋯⋯⋯⋯⋯⋯⋯⋯⋯ 74

　　任务七　机床上下料工作站安装与调试 ⋯⋯⋯⋯⋯⋯⋯⋯⋯⋯⋯⋯⋯⋯⋯⋯⋯⋯ 85

　　任务八　焊接工作站安装与调试 ⋯⋯⋯⋯⋯⋯⋯⋯⋯⋯⋯⋯⋯⋯⋯⋯⋯⋯⋯⋯⋯ 96

　　任务九　码垛工作站安装与调试 ⋯⋯⋯⋯⋯⋯⋯⋯⋯⋯⋯⋯⋯⋯⋯⋯⋯⋯⋯⋯⋯ 104

　　任务十　涂胶工作站安装与调试 ⋯⋯⋯⋯⋯⋯⋯⋯⋯⋯⋯⋯⋯⋯⋯⋯⋯⋯⋯⋯⋯ 113

　　任务十一　装配工作站安装与调试 ⋯⋯⋯⋯⋯⋯⋯⋯⋯⋯⋯⋯⋯⋯⋯⋯⋯⋯⋯⋯ 121

第四篇　工业机器人综合应用（综合篇）⋯⋯⋯⋯⋯⋯⋯⋯⋯⋯⋯⋯⋯⋯⋯⋯⋯⋯⋯ 134

　　任务十二　伺服电机变位机工作站安装与调试 ⋯⋯⋯⋯⋯⋯⋯⋯⋯⋯⋯⋯⋯⋯ 134

　　任务十三　自动生产线工作站安装与调试 ⋯⋯⋯⋯⋯⋯⋯⋯⋯⋯⋯⋯⋯⋯⋯⋯ 139

　　任务十四　工业机器人弧焊设备安装与调试 ⋯⋯⋯⋯⋯⋯⋯⋯⋯⋯⋯⋯⋯⋯⋯ 146

　　任务十五　工业机器人鼠标装配实训系统安装与调试 ⋯⋯⋯⋯⋯⋯⋯⋯⋯⋯ 162

附录 ⋯⋯⋯⋯⋯⋯⋯⋯⋯⋯⋯⋯⋯⋯⋯⋯⋯⋯⋯⋯⋯⋯⋯⋯⋯⋯⋯⋯⋯⋯⋯⋯⋯⋯⋯⋯ 182

　　附录 A　RAPID 程序指令与功能 ⋯⋯⋯⋯⋯⋯⋯⋯⋯⋯⋯⋯⋯⋯⋯⋯⋯⋯⋯⋯⋯ 182

　　附录 B　安全 I/O 信号 ⋯⋯⋯⋯⋯⋯⋯⋯⋯⋯⋯⋯⋯⋯⋯⋯⋯⋯⋯⋯⋯⋯⋯⋯⋯ 193

参考文献 ⋯⋯⋯⋯⋯⋯⋯⋯⋯⋯⋯⋯⋯⋯⋯⋯⋯⋯⋯⋯⋯⋯⋯⋯⋯⋯⋯⋯⋯⋯⋯⋯⋯⋯ 195

第一篇

绪论——走进工业机器人

1921年，一部关于机器人题材的演出在布拉格国家剧院首度上演，捷克剧作家恰佩克在他的幻想剧《罗萨姆万能机器人公司》中塑造的主人公罗伯特（Robot），是一位忠诚勤劳的机器人，此后罗伯特（Robot）成为国际公认的机器人的代名词。

机器人发展历程

机器人技术是综合了计算器、控制论、机构学、信息和传感技术、人工智能、仿生学等多学科而形成的高新技术。它一般由机械本体、控制器、伺服驱动系统和检测传感装置构成，是一种综合了人和机器特长、能在三维空间完成各种作业的机电一体化装置。它既有人对环境状态的快速反应和分析判断能力，又有机器可长时间持续工作、精确度高、抗恶劣环境的能力，可以用来完成人类无法完成的任务，其应用领域日益广泛。

1939年，美国纽约世博会上展出了西屋电气公司制造的家用机器人 Elektro。

1942年，美国科幻巨匠阿西莫夫提出"机器人三定律"。

1954年，美国电子学家德沃尔研制出一种类似人手臂的可编程机械手。

1958年，美国物理学家英格伯格与德沃尔联手，于1958年研制出世界上第一台真正实用的工业机器人，成立了世界上第一家机器人制造工厂"尤尼梅逊"公司，英格尔伯格因此被称为工业机器人之父。

1962年，美国 AMF 公司生产出"VERSTRAN"（意思是万能搬运），成为真正商业化的机器人。

1965年，约翰·霍普金斯大学研制出"有感觉"的机器人 Beast。

1968年，美国斯坦福研究所公布他们研发成功的机器人 Shakey，这是世界上第一台智能机器人。

1969年，日本早稻田大学研发出第一台以双脚走路的机器人。

1980年，日本迅速普及工业机器人，这一年被称为"机器人元年"。

20世纪末，掀起了特种机器人的研究热潮。

1997年，机器人足球世界杯赛横空出世。

1997年7月，自主式机器人车辆 Sojourner（索杰纳）登上火星的自主式机器人车辆。

1997年，IBM 公司开发出来的 Deep Blue（深蓝）战胜棋王卡斯帕罗夫，这是机器人发展的里程碑。

机器人走进工业应用

为了避免危险恶劣的工作环境导致的工伤事故和职业病，保护工人的身心安全，对一些特殊工种、工作量大、环境恶劣、危险性高、人类无法涉足的工作领域都可由工业机器人代替。在制造业中，工业机器人得到了广泛的应用，如图 0-1 和图 0-2 所示。例如，在毛坯制造（冲压、压铸、锻造等）、机械加工、焊接、热处理、表面涂覆、上下料、装配、检测及仓库堆垛等作业中，机器人都已逐步取代了人工作业。随着工业机器人向更深更广方向的发展以及机器人智能化水平的提高，机器人的应用范围还在不断扩大，已从汽车制造业推广到其他制造业，进而推广到诸如矿山、建筑业以及电力系统等各种非制造行业。此外，在国防军事、医疗卫生、生活服务等领域，机器人的应用也越来越多，如无人侦察机（飞行器）、警备机器人、医疗机器人、家政服务机器人等均有应用实例。机器人正在为提高人类的生活质量发挥着重要的作用。

图 0-1　工业机器人

图 0-2　装配机器人

机器人作为现代制造业主要的自动化装备，已广泛应用于汽车、摩托车、工程机械、电子信息、家电、化工等行业，进行焊接、装配、搬运、加工、喷涂、码垛等复杂作业，如图 0-3 和图 0-4 所示。据 2016 年统计，中国机器人保有量 33.23 万台，占全球 1/4。国际上生产机器人的主要厂家有：日本的安川电机、OTC、川崎重工、松下、不二越、日立、法那科；欧洲的 CLOOS（德国）、ABB（瑞典）、COMAU（意大利）、IGM（奥地利）、KUKA（德国）等。

图 0-3　码垛机器人

图 0-4　物流机器人

全世界投入使用的机器人数量近年来快速增加，目前，日本实际装配的机器人总量占世界总量的 50%。装配是日本机器人的最大应用领域，它拥有的机器人占总数的 42%；焊接是应用的第二大领域，占机器人总数的 19%；注塑是第三大应用领域，占机器人总数约 12%，机械加工次之为 8%。

在汽车工业的应用中，机器人用于上料/卸料占很大数量。对于点焊应用来说，目前已广泛采用电驱动的伺服焊枪，丰田公司已决定将这种技术作为标准来装备国内和海外的所有点焊机器人，可以提高焊接质量，在短距离内的运动时间也大为缩短。就控制网络而言，日本汽车工业中最普遍的总线是 Device-Net，而丰田则采用其自行制订的 ME-Net，日产采用 JEMA-Net（日本电机工业会网）。在日本汽车工业中是否会实现通信系统的标准化，目前还不能确定。另一方面，日本机器人制造商提出了一种"现实机器人仿真"（RRS）兼容软件接口。因此，目前日本汽车制造商（尤其是对于点焊应用）通过诸如 RoBCAD、I-Grip 等商用仿真软件，可以做出各种机器人的动态仿真。

美国科学家近日研制一种球体机器人，其最大的特点是可以帮助宇航员做各种辅助工作。它身上安装的传感器可以探知航天飞行器内部的气体成分、温度变化和空气压力状况。即使在失重状态下，这种机器人在计算器的指挥下也能自如地行走和工作，而且能帮助宇航员与地面控制中心联络，把有关信息输入计算机系统。

目前，我国已开发出喷漆、弧焊、点焊、装配、搬运等机器人，其中有 130 多台/套喷漆机器人在 20 余家企业的近 30 条自动喷漆生产线（站）上获得规模应用，弧焊机器人已应用在汽车制造厂的焊装线。

沈阳新松机器人自动化股份有限公司为上海汇众汽车制造有限公司设计制造 12 台弧焊机器人组成的焊接生产线，用于为上海汽车工业公司配套生产桑塔纳轿车转向器和减振器以及别克轿车减振器等部件。

哈尔滨工业大学历经 20 余年的基础理论与应用研究，已开发管内补口喷涂作业机器人、激光内表面淬火机器人、管内 X 射线检测机器人。这几种机器人已分别应用于"陕-京"天然气管线工程 X 射线检测、上海浦东国际机场内防腐补口、大庆油田内防腐及抽油泵内表面处理等重要的管道工程。

中国智能机器人和特种机器人在"863"计划的支持下，也取得了显著的成果。其中 6000m 水下无缆机器人的成果居世界领先水平，该机器人在 1995 年深海试验获得成功，使中国能够对大洋海底进行精确、高效、全覆盖的观察、测量、储存和进行实时传输，并能精确绘制深海矿区的二维、三维海底地形地貌图，推动了中国海洋科技的发展。

机器人在汽车生产线中的应用

工业机器人是汽车生产中非常重要的设备，各个部件的生产都需要有工业机器人的参与。工业机器人在汽车生产线上的工作主要有弧焊、点焊、装配、搬运、喷漆、检测、码垛、研磨抛光和激光加工等。图 0-5 所示为工业机器人在汽车生产线上常见的四类工作。

下面举几个例子，在车身生产中，有大量压铸、焊接、检测等应用，这些目前均由工业机器人参与完成，特别是焊接生产线，一条焊接生产线就有大量的工业机器人；在汽车内饰生产中，汽车内饰相当多，最主要的则是仪表盘，而仪表盘的制作，则需要表皮弱化机器人，发泡机器人，最后的产品切割机器人；汽车车身的喷涂，这一块由于工作量大，危险性高，逐渐也都由工业机器人代替。

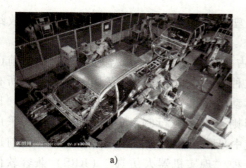

a)

b)

c)

d)

图 0-5 工业机器人在汽车制造业中的应用

a）搬运机器人 b）焊接机器人 c）装配机器人 d）喷涂机器人

1. 焊接机器人在汽车底盘焊接中的应用

焊接机器人最适于多品种、高质量生产方式，目前已广泛应用于汽车制造业，汽车底盘、座椅骨架、导轨、消声器以及液力变矩器等焊接件均使用了机器人焊接，尤其在汽车底盘焊接生产中得到了广泛的应用，如图 0-6 所示。国内生产的桑塔纳、帕萨特、别克、赛欧、波罗等车型的后桥、副车架、摇臂、悬架、减振器等轿车底盘零件大都是以 MIG 焊接工艺为主的受力安全零件，主要构件采用冲压焊接，板厚平均为 1.5~4mm，焊接主要以搭接、角接接头形式为

图 0-6 焊接机器人在汽车生产线上

主，焊接质量要求相当高，其质量的好坏直接影响轿车的安全性能。应用机器人焊接后，大大提高了焊接件的外观和内在质量，并保证了质量的稳定性，降低了劳动强度、改善了劳动环境。

按照焊接机器人系统在汽车底盘零部件焊接的夹具布局的不同特点，以及外部轴等外围设施的不同配置，焊接机器人系统可分为以下几种形式：①滑轨+焊接机器人的工作站；②单（双）夹具固定式+焊接机器人工作站；③带变位机回转工作台+焊接机器人工作站；④搬运机器人+焊接机器人工作站；⑤协调运动式外轴+焊接机器人工作站；⑥机器人焊接自动线；⑦焊接机器人柔性系统。

2. KUKA 机器人在宝马汽车制造中的应用

德国库卡公司（KUKA）自进入中国市场以来，不断以其革新的机器人技术推动着中国汽车制造业的自动化发展，已成为该行业领先的工业机器人提供商。目前，库卡工业机器人在国内各行业的使用数量已经有数千台，其中 2000 台左右应用于汽车以及汽车零部件制造行业，如图 0-7 所示。

现代汽车制造业不断向"准时化"和"精益生产"的方向发展，这对设备的快速响应、柔性化、集成化和多任务处理的能力提出了更高要求。为迎合这种需求，库卡公司另辟蹊径，突破传统的机器人协同工作组概念，以单个机器人作为独立的控制对象，如图 0-8 所示，把计算机网络控制的概念引入到机器人协同工作组控制中，对机器人协同工作组的功能和工作模式进行了历史性的革新，使得 15 台机器人同步工作成为可能，完全颠覆了传统汽车制造中以工位为目标单位的工艺格局，汽车的柔性化生产提高到了一个空前的高度。

图 0-7 KUKA 机器人在汽车生产线上

图 0-8 KUKA 装配机器人在汽车生产线上

宝马公司为其在德国雷根斯堡的工厂寻找一种自动化解决方案，用以传送宝马 1 系列和 3 系列车型的整个前后轴以及车门。

宝马公司选择了三台库卡机器人，包括一台 KR500 和两台 KR360 来传送前后轴。KR500 从装配系统中取出已装配好的前轴并将其置于装配总成支架上，在那里前轴将被装配到传动杆上。KR500 的多用夹持器适用于 1、3 系列所有车型专有的轴。此外，整个夹持器还满足了宝马公司的要求，即能够在传送过程中使轴的活动部分保持在规定的位置。由此，机器人可将所有需要装配的部件在装配总成支架上准确定位。

两台重载型机器人 KR360 传送后轴。第一台 KR360 从装配系统中取出轴并将其置于多用工件托架的存储器内，第二台 KR360 从存储器中取出轴并将其置于装配总成支架上。如同前轴的情况，放置后轴时所需达到的精确位置可通过一个感知器测量系统得到。为使 KR360 能够在最佳的位置上完成所需的工作，它被安装在一个 1.5m 高的底座之上，如图 0-9 所示。由于机器人控制系统将夹持器作为第七条轴来移动，因此 KR360 就有能力将客车车轴举到轮毂处而不受轮距的限制。

在传送车门方面，四台装配有 400mm 延长臂的 KR150，每两台作为一组，可以替代数目相同

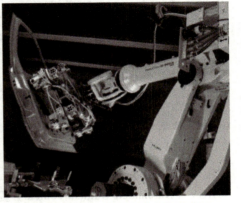
图 0-9 KUKA 装配机器人装配车门

的提升站以及所属用以交接的机械装置。在两个机器人小组内部，一台机器人负责前门，另一台负责后门。当一辆带着空运输吊架的电动钢索吊车停在工位内时，机器人的工作就可以开始了。有关的 KR150 将其夹持器摆动着伸入货物承装工具内部，将其从电动钢索吊车上取下并置于下一层，以做好装料准备。此时，两个在此工作的工作人员为吊架的两侧都装上相应车身的车门。之后，机器人将货物承装工具移回上一层并将其重新放回电动钢索吊车。机器人重复精度高，因此可以避免对车门及电动钢索吊产生损伤。由于对机器人可进行自由编程，因此整个设备也具有很高的灵活性。除此之外，库卡公司还可以满足宝马公司对夹持器的要求——设计简单且安全可靠。

机器人在物流领域中的应用

1. 码垛机器人

国内的物流行业已经进入了准高速增长阶段。传统的自动化生产设备已经不能满足企业日益增长的生产需求。以码垛设备为例，机械式码垛机具有占地面积大、程序更改复杂、耗电量大等缺点；采用人工搬运，劳动量大，工时多，无法保证码垛质量，影响产品顺利进入货仓，可能有 50% 的产品由于码垛尺寸误差过大而无法进行正常存储，还需要重新整理。目前，欧、美、日的码垛机器人在码垛市场的占有率超过了 90%，绝大数码垛作业由码垛机器人完成。码垛机器人能适用于纸箱、袋装、罐装、箱体、瓶装等各种形状的包装成品码垛作业，如图 0-10 所示。

码垛机器人通过检测吸盘和平衡气缸内气体压力，能自动识别机械手臂上有无载荷，并经气动逻辑控制回路自动调整平衡气缸内的气压，达到自动平衡的目的。工作时，重物犹如悬浮在空中，可避免产品对接时的碰撞。在机械手臂的工作范围内，操作人员可将其前、后、左、右、上、下轻松移动到任何位置，人员本身可轻松操作。同时，气动回路还有防止误操作掉物和失压保护等连锁保护功能。码垛机器人能将不同外形尺寸的包装货物，整齐、自动地码（或拆）在托盘上（或生产线上等）。为充分利用托盘的面积和码堆物料的稳定性，机器人具有物料码垛顺序、排列设定器，可满足从低速到高速，从包装袋到纸箱，从码垛一种产品到码垛多种不同产品，应用于产品搬运、码垛等。图 0-11 所示为大型码垛机器人在作业。

图 0-10　码垛机器人在包装生产线上

图 0-11　大型码垛机器人

2. 自动导引车

AGV（Automated Guided Vehicle）是自动导引车的英文缩写，是指具有磁条、轨道或者激光等自动导引设备，沿规划好的路径行驶，以电池为动力，并且装备安全保护以及各种辅助机构（如移载、装配机构）的无人驾驶的自动化车辆，如图 0-12 所示。通常多台 AGV 与控制计算机（控制台）、导航设备、充电设备以及周边附属设备组成 AGV 系统，其主要工作原理表现为在控制计算机的监控及任务调度下，AGV 可以准确地按照规定的路径行走，到达任务指定位置后，完成一系列的作业任务，控制计算机可根据 AGV 自身电量决定是否到充电区进行自动充电。

根据导航方式的不同，目前 AGV 产品可分为磁导航 AGV 和激光导航 AGV（又称为 LGV）。在物流领域里，根据工作方式的不同，AGV 有叉车式运输型 AGV、搬运型 AGV、重载 AGV、智能巡检 AGV、特种 AGV 以及简易 AGV（又称为 AGC）等。

当前的智能物流机器人（见图 0-13）CPU 性能越来越高，控制器内部根据控制功能的不同采取模块化设计；运动平衡控制的增强提高了机器人加速和加速的时间，加快了机器人的动作周期；碰撞检测功能的提高极大地保护了机器人本体和手爪；新开发的虚拟现实功能，作为软件集成在机器人系统控制柜中；通过机器人示教盘监控视觉功能的作业情况；舍去了传统视觉系统中的个人计算机等硬件，大大节省了成本支出。机器人已经在中国物流行业中被广泛地应用，节约了成本，提高了物流效率。

图 0-12 自动导引车

图 0-13 智能物流机器人

工业机器人分类

工业机器人按照不同的分类标准可以分为不同的类别。

1. 按照机器人的运动形态分类

按照机器人的运动形态的不同，可以分为直角坐标型工业机器人、圆柱坐标型工业机器人、球坐标型工业机器人、多关节型工业机器人、平面关节型工业机器人和并联型工业机器人，各类型实物图如图 0-14 所示。

（1）直角坐标型工业机器人

直角坐标型工业机器人结构示意图如图 0-15 所示，手部空间的位置变化是通过沿着三个相互垂直的轴线移动来实现的，常用于生产设备的上下料和高精度的装配和检测作业。一般直角坐标型工业机器人的手臂可以垂直上下移动（Z 轴方向），并可以沿着滑架和横梁上的导轨进行水平二维平面的移动（X、Y 轴方向）。显然，直角坐标型工业机器人有三个移动关节，即三个自由度。

直角坐标型工业机器人有如下优点：

1）结构简单。

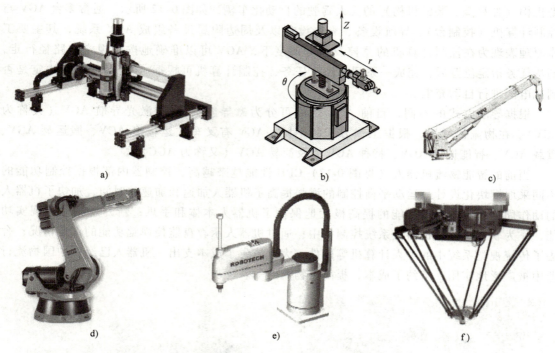

图 0-14　工业机器人类型

a）直角坐标型　b）圆柱坐标型　c）球坐标型　d）多关节型　e）平面关节型　f）并联型

2）编程容易，在 X、Y、Z 三个方向的运动都没有耦合，便于控制系统的设计。

3）直线运动速度快，定位精度高，蔽障性能较好。

同时，由于该类型机器人必须采用导轨，故有如下缺点和问题：

1）动作范围小，灵活性较差。

2）导轨结构较复杂，维护比较困难，导轨暴露面大，不如转动关节密封性好。

3）结构尺寸较大，占地面积较大。

4）移动部分惯量较大，增加了对驱动性能的要求。

（2）圆柱坐标型工业机器人

圆柱坐标型工业机器人结构示意图如图 0-16 所示，有两个移动关节和一个转动关节，末端操作器的安装轴线的位姿由（Z，r，θ）坐标予以表示，其主体具有三个自由度：腰部转动、升降运动、手臂伸缩运动。

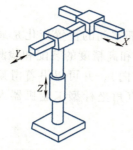

图 0-15　直角坐标型结构示意图

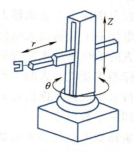

图 0-16　圆柱坐标型结构示意图

圆柱坐标型工业机器人主要有如下优点：

1）控制精度较高，控制较简单，结构紧凑。

2）对比直角坐标形式，在垂直和经向的两个往复运动可以采用伸缩套筒式结构，在腰部转动时可以把手臂缩回，从而减少转动惯量，改善了力学负载。

3）空间尺寸较小，工作范围较大，末端操作器可获得较高的运动速度。

它的缺点是：由于机身结构的原因，手臂不能到达底部，末端操作器离 Z 轴越远，减小了机器人的工作范围，其切向线位移的分辨精度就越低。

（3）球坐标型工业机器人

球坐标型工业机器人结构示意图如图 0-17 所示，有两个转动关节和一个移动关节，末端操作器的安装轴线的位姿由（θ, ϕ, r）坐标予以表示。机械手能够里外伸缩移动，在垂直平面内摆动已经绕底座在水平面内移动，因为这种机器人的工作空间形成球面的一部分。很多知名企业的球坐标型工业机器人，其手臂采用液压驱动的移动关节，绕垂直和水平轴线的转动也采用了液压伺服系统。

球坐标型工业机器人的特点如下：

1）占地面积小，结构紧凑，位置精度尚可。

2）蔽障性能较差，存在平衡问题。

（4）关节坐标型工业机器人

关节坐标型工业机器人结构示意图如图 0-18 所示，其主要由底座、大臂和小臂组成。大臂和小臂间的转动关节称为肘关节，大臂和底座间的转动关节称为肩关节。底座可以绕垂直轴线转动，称为腰关节。它是一种广泛应用的拟人化机器人。

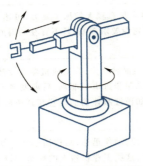
图 0-17 球坐标型结构示意图

图 0-18 关节坐标型结构示意图

关节坐标型工业机器人主要有以下优点：

1）结构紧凑，占地面积小。

2）灵活性好，手部到达位置好，具有较好的蔽障性能。

3）没有移动关节，关节密封性能好，摩擦小，惯量小。

4）关节驱动力小，能耗较低。

关节坐标型工业机器人的缺点如下：

1）运动过程中存在平衡问题，控制存在耦合。

2）当大臂和小臂舒展开时，机器人结构刚度较好。

（5）并联型工业机器人

并联型机构是动平台和定平台通过至少两个独立的运动链相连接，机构具有两个或两个以上自由度，且以并联方式驱动的一种闭环机构。

2. 按照输入信息的方式分类

按照输入信息的方式不同，可以分为操作机械手、固定程序工业机器人、可编程型工业机器人、程序控制型工业机器人、示教型工业机器人、智能型工业机器人。各类机器人的输入信息方式见表0-1。

表0-1　按照输入信息的方式分类

分　类	特　点
操作机械手	一种由操作人员直接进行操作的具有几个自由度的机械手
固定程序工业机器人	按预先规定的顺序、条件和位置，逐步地重复执行给定作业任务的机械手
可编程型工业机器人	与固定程序机器人基本相同，但其工作次序等信息易于修改
程序控制型工业机器人	它的作业任务指令是由计算机程序向机器人提供的，其控制方式与数控机床相同
示教型工业机器人	能够按照记忆装置存储的信息来复现由人示教的动作，其示教动作可自动地重复执行
智能型工业机器人	采用传感器来感知工作环境或工作条件的变化，并借助自身的决策能力，完成相应的工作任务

3. 按照驱动方式分类

按照驱动方式的不同，可以分为液压型工业机器人、电动型工业机器人、气压型工业机器人，其特点见表0-2。

表0-2　按照驱动方式分类

分　类	特　点
液压型工业机器人	液压压力比气压压力大得多，故液压型工业机器人具有较大的抓举能力，可达上千牛顿，这类工业机器人结构紧凑、传动平稳、动作灵敏，但对于密封要求较高，且不宜在高温或者低温环境下使用
电动型工业机器人	目前用得较多的一类工业机器人，不仅因为电动机品种众多，为工业机器人设计提供了多种选择，也因为可以运用多种灵活控制的方法，早期多采用步进电机驱动，后期发展了直流伺服驱动单元，驱动单元或是直接驱动操作机，或者通过诸如谐波减速器的装置在减速后驱动，结构十分紧凑、简单
气压型工业机器人	以压缩空气来驱动操作机，其优点是空气来源方便，动作迅速，结构简单造价低，无污染；缺点是空气具有可压缩性，导致工作速度的稳定性较差，这类工业机器人的抓举力较小，一般只有几十牛顿

4. 按照运动轨迹分类

按照运动轨迹的不同，可以分为点位型工业机器人和连续轨迹型工业机器人。点位控制是控制机器人从一个位姿到另一个位姿，其路径不限；连续轨迹控制是控制机器人的机械接口，按编程规定的位姿和速度，在指定的轨迹上运动。

通常我们见到的工业机械手属于智能型、连续轨迹、多关节工业机器人，末端手爪多为气动或者电动。

工业机器人结构与组成

"人"的身体结构包括四肢骨骼和运动系统，以完成人体动作；大脑和神经系统来处理、发布信息；五官和皮肤来和环境交互。工业机器人也要接受这些考验，只有拥有了健全的身体，才能应付各种各样的工作。

从工业机器人的总体结构上看，如图0-19所示，可以分为"三大部分六个系统"。三大部分、六大系统是一个统一的整体，如图0-20所示。

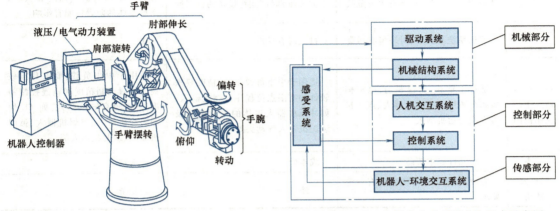

图 0-19　工业机器人的总体结构　　　　图 0-20　"三大部分六大系统"的组成示意图

三大部分是指用于实现各种动作的机械部分、用于感知内部和外部信息的传感部分和用于控制机器人完成各种动作的控制部分。

六大系统分别是驱动系统、机械结构系统（又称为执行系统）、机器人-环境交互系统、感受系统、人机交互系统和控制系统。

（1）驱动系统

驱动系统包括动力装置和传动机构，用以使执行机构产生相应的动作，有电机驱动、液压驱动、气动驱动以及其他驱动形式。根据需要，可采用这三种基本驱动类型的一种，或合成式驱动系统，目前较常用的是电机驱动。这三种基本驱动系统的主要特点见表0-3。

表 0-3　工业机器人三种基本驱动系统的主要特点

内容	驱动方式		
	液压驱动	气动驱动	电机驱动
输出功率	很大,压力范围为 $50 \times 10^4 \sim 140 \times 10^4 \, Pa$	大,压力范围为 $48 \times 10^4 \sim 60 \times 10^4 \, Pa$,最大可达 $100 \times 10^4 \, Pa$	较大
控制性能	利用液体的不可压缩性,控制精度较高,输出功率大,可无级调速,反应灵敏,可实现连续轨迹控制	气体压缩性大,精度低,阻尼效果差,低速不易控制,难以实现高速、高精度的连续轨迹控制	控制精度高,功率较大,能精确定位,反应灵敏,可实现高速、高精度的连续轨迹控制,伺服特性好,控制系统复杂
响应速度	很高	较高	很高
结构性能及体积	结构适当,执行机构可标准化、模拟化,易实现直接驱动。功率/质量比大,体积小,结构紧凑,密封问题较大	结构适当,执行机构可标准化、模拟化,易实现直接驱动。功率/质量比大,体积小,结构紧凑,密封问题较小	伺服电动机易于标准化,结构性能好,噪声低,电动机一般需配置减速装置,除DD(直接驱动)电动机外,难以直接驱动,结构紧凑,无密封问题

（续）

内容	驱动方式		
	液压驱动	气动驱动	电机驱动
安全性	防爆性能较好,用液压油作为传动介质,在一定条件下有火灾危险	防爆性能好,高于1000kPa（10个大气压）时应注意设备的抗压性	设备自身无爆炸和火灾危险,直流有刷电动机换向时有火花,系统整体的防爆性能有影响
对环境的影响	液压系统易漏油,对环境有污染	排气时有噪声	无
在工业机器人中的应用范围	适用于重载、低速驱动,电液伺服系统适用于喷涂机器人、点焊机器人和托运机器人	适用于中小负载驱动、精度要求较低的有限点位程序控制机器人,如冲压机器人本体的气动平衡及装配机器人气动夹具	适用于中小负载,要求具有较高的位置控制精度和轨迹控制精度、速度较高的机器人,如AC伺服喷涂机器人、点焊机器人、弧焊机器人、装配机器人等
成本	液压元件成本较高	成本低	成本高
维修及使用	方便,但油液对环境温度有一定要求	方便	较复杂

工业机器人驱动系统的选用,应根据工业机器人的性能要求、控制功能、运行的功耗、应用环境及作业要求、性能价格比以及其他因素综合加以考虑。在充分考虑各种驱动系统特点的基础上,在保证工业机器人性能规范、可行性和可靠性的前提下做出决定。

一般情况下,各种机器人驱动系统的设计选用原则大致如下：

1）控制方式。对物料搬运（包括上、下料）、冲压使用有限点位控制的程序控制机器人,低速、重负载时可选用液压驱动系统；中等负载时可选用电机驱动系统；轻负载时可选用电机驱动系统；轻负载、高速时可选用气动驱动系统,冲压机器人手爪多选用气动驱动系统。

2）作业环境要求。从事喷涂作业的工业机器人,由于工作环境需要防爆,因此考虑到其防爆性能,多采用电液伺服驱动系统和具有本征防爆的交流电动伺服驱动系统。水下机器人、核工业专用机器人、空间机器人,以及在腐蚀性、易燃易爆气体、放射性物质环境中工作的移动机器人,一般采用交流伺服驱动。若要求在洁净环境中使用,则多采用直接驱动电动机驱动系统。

3）操作运行速度。对于装配机器人,由于要求其有较高的点位重复精度和较高的运行速度,通常在运行速度相对较低（≤4.5m/s）的情况下,可采用AC、DC或步进电动机伺服驱动系统；在速度、精度要求均很高的条件下,多采用直接驱动电动机驱动系统。

（2）机械结构系统

机械结构系统（也称为机器人"本体"）由机身、手臂、手腕、末端执行器四大部分组成,如图0-21所示,有的机器人还有行走机构。大多数工业机器人有3~6个运动自由度。

1）机身：起支撑作用,固定式机器人的基座直接连接在地面基础上,移动式机器人的基座安装在移动机构上。

2）手臂：连接机身和手腕,主要改变末端执行器的空间位置,如图0-22所示。在工作

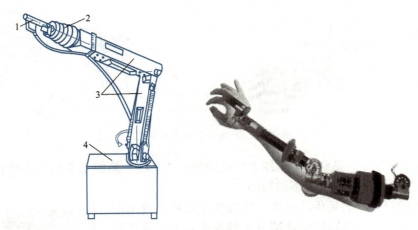

图 0-21 机器人机械结构组成
1—末端执行器（手部） 2—手腕 3—手臂 4—机身

中直接承受腕、手和工件的静、动载荷，自身运动
又较多，故受力复杂。

手臂的长度尺寸要满足工作空间的要求，由于
手臂的刚度、强度直接影响机器人的整体运动刚
度，同时又要灵活运动，故应尽可能选用高强度的
轻质材料，减轻其重量。在臂体设计中，也应尽量
设计成封闭形和局部带加强肋的结构，以增加刚度
和强度。手臂结构可分为横梁式、立柱式、机座式
和屈伸式四种，具体见表 0-4。

图 0-22 臂部内部图

表 0-4 手臂的四种结构

横梁式	立柱式	机座式	屈伸式
机身设计成横梁式，用于悬挂手臂部件，这类机器人大都为移动式	立柱式机器人多采用回转型、俯仰型或屈伸型的运动形式，是一种常见的配置形式	机身设计成机座式，这种机器人是独立的自成系统的完整装置，可以随意安放和搬动	屈伸式机器人的臂部可以由大小臂组成，大小臂间有相对运动，成为屈伸臂

3）手腕：连接手臂和末端执行器，手腕确定末端执行器的作业姿态，一般需要三个自
由度，由三个回转关节组合而成，组合方式多样，手腕关节组合示意图如图 0-23 所示。

为了使手部能处于空间任意方向，要求腕部能实现对空间三个坐标轴 X、Y、Z 的转动。

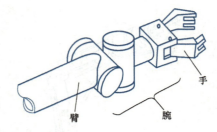

图 0-23　手腕关节组合示意图

回转方向分为："臂转"是绕小臂轴线方向的旋转；"手转"是使末端执行器绕自身的轴线旋转；"腕摆"是使手部相对臂部的摆动。

腕部结构的设计要满足传动灵活、结构紧凑轻巧、避免干涉。机器人多数将腕部结构的驱动部分安排在小臂上。首先设法使几个电动机的运动传递到同轴旋转的心轴和多层套筒上，运动传入腕部后再分别实现各个动作。

图 0-24　手部法兰

4）末端执行器（手部）：即机器人的作业工具，如抓取工件的各种抓手、取料器、专用工具的夹持器等，还包括部分专用工具，如拧螺钉螺母机、喷枪、焊枪、切割头、测量头等。手部常采用法兰连接，如图 0-24 所示。

工业机器人的手部就像人的手部一样，能够灵活地运动关节，能够抓取各种各样的物品，但是机械手的手部由于抓取的工业用品体型、材料、重量等不同，因此机械手手部应根据所抓物品单独量身定做。

工业机器人的手部（也称为抓手）是最重要的执行机构，从功能和形态上看，它可分为工业机器人的手部和仿人机器人的手部。常用的抓手按其握持原理可以分为夹持类和吸附类两大类，图 0-25 所示为两种握持的应用。

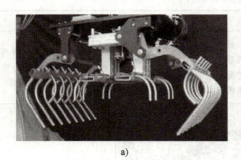
a)

b)

图 0-25　抓手应用

a）码垛抓持料袋转手　b）吸取玻璃抓手

（3）机器人-环境交互系统

机器人-环境交互系统是实现工业机器人与外部环境中的设备相互联系和协调的系统。机器人与外部设备集成为一个功能单元，如加工制造单元、焊接单元、装配单元等。也可以是多台机器人、多台机床或设备、多个零件储存装置等集成为一个去执行复杂任务的功能单元。

　　例如，柔性制造系统是由统一的信息控制系统、物料储运系统和一组数字控制加工设备组成的，能适应加工对象变换的自动化机械制造系统。它往往会有多台工业机器人和多台数控机床配合完成复杂的生产过程，柔性制造系统如图 0-26 所示。

图 0-26　工业机器人与机床的柔性制造系统

　　（4）感受系统

　　感受系统由内部传感器和外部传感器组成，其作用是获取机器人内部和外部环境信息，并把这些信息反馈给控制系统。内部传感器用于检测各个关节的位置、速度等变量，为闭环伺服控制系统提供反馈信息。外部传感器用于检测机器人与周围环境之间的一些状态变量，如距离、接近程度和接触情况等，用于引导机器人，便于其识别物体并做出相应处理。外部传感器一方面使机器人更准确地获取周围环境情况，另一方面也能起到误差矫正的作用。

　　图 0-27 所示为工业机器人的视觉定位系统，基本构成有机器人本体、交流伺服驱动装置、运动控制器、计算机和工业数字摄像头。图 0-28 所示为工业机器人的"五官"系统，包括触觉（力与力矩传感器）、视觉（视频）、听觉（语音）、工业用 PDA（RFID 读写器）等，向工业机器人发送信息，构成信息反馈控制系统。

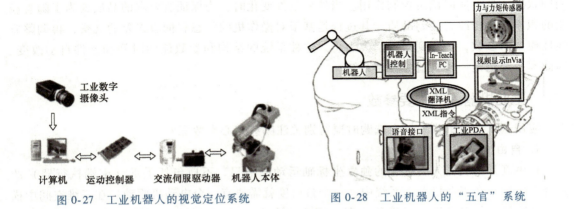

图 0-27　工业机器人的视觉定位系统　　　图 0-28　工业机器人的"五官"系统

　　（5）人机交互系统

　　人机交互系统是人与机器人进行联系和参与机器人控制的装置，即指令给定装置和信息显示装置，就像人们打游戏需要游戏机操作手柄一样。一般为工业机器人的自带示教单元和上位机软件。

（6）控制系统

控制系统是按照输入的程序对驱动系统和执行机构发出指令信号，并进行控制。信号传输线路大多数都在机械手内部，内部结构如图0-29所示。

图0-29　工业机器人的内部结构

控制系统的任务是根据机器人的作业指令程序以及从传感器反馈回来的信号，支配机器人的执行机构去完成规定的运动和功能。

如果机器人不具备信息反馈特征，则为开环控制系统；具备信息反馈特征，则为闭环控制系统。

根据控制原理可分为程序控制系统、自适应控制系统和人工智能控制系统，根据控制运动的形式可分为点位控制和连续轨迹控制。

1）程序控制系统：给每个自由度施加一定规律的控制作用，机器人就可实现要求的空间轨迹。

2）自适应控制系统：当外界条件变化时，为保证所要求的品质或为了随着经验的积累而自行改善控制品质，其过程是基于对操作机的状态和伺服误差的观察，再调整非线性模型的参数，一直到误差消失为止。这种系统的结构和参数能随时间和条件自动改变。

3）人工智能控制系统：事先无法编制运动程序，而是要求在运动过程中根据所获得的周围状态信息，实时确定控制作用。当外界条件变化时，为保证所要求的品质或为了随着经验的积累而自行改善控制品质，其过程是基于对操作机的状态和伺服误差的观察，再调整非线性模型的参数，一直到误差消失为止。这种系统的结构和参数能随时间和条件自动改变。因此本系统也是一种自适应控制系统。

工业机器人的主要参数

应用这么广泛的设备，在选购时要特别关注哪些核心参数呢？

1. 自由度

自由度是指机器人所具有的独立坐标轴运动的数目，不应包括手爪（末端执行器）的开合自由度。在工业机器人系统中，一个自由度就需要有一个电动机驱动。在三维空间中描述一个物体的位置和姿态（简称位姿）需要6个自由度。但是，工业机器人的自由度是根据其用途而设计的，可能小于6个自由度，也可能大于6个自由度。图0-30所示为5自由度机器人，图0-31所示为6自由度机器人。

2. 精度

工业机器人精度是指定位精度和重复定位精度。定位精度是指机器人手部实际到达位置

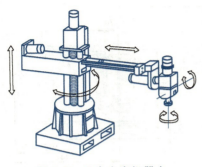

图 0-30　5 自由度机器人

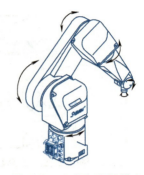

图 0-31　6 自由度机器人

与目标位置之间的差异，用反复多次测试的定位结果的代表点与指定位置之间的距离来表示。重复定位精度是指机器人重复定位手部于同一目标位置的能力，以实际位置值的分散程度来表示。实际应用中，常以重复测试结果的标准偏差值的 3 倍来表示，它用于衡量一系列误差值的密集度。图 0-32 所示为工业机器人定位精度和重复定位精度图例。

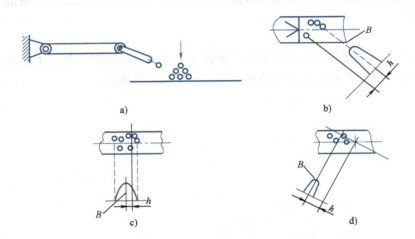

图 0-32　工业机器人定位精度和重复定位精度图例

a）重复定位精度的测定　b）合理的定位精度，良好的重复定位精度　c）良好的
定位精度，较差的重复定位精度　d）很差的定位精度，良好的重复定位精度

3. 工作范围

工作范围是指机器人手臂末端或手腕中心所能达到的所有点的集合，也叫作工作区域。因为末端操作器的形状和尺寸是多种多样的，为了真实地反映机器人的特征参数，一般工作范围是指不安装末端操作器的工作区域。工作范围的形状和大小是十分重要的，机器人在执行某作业时可能会因为存在手部不能到达的作业死区而不能完成任务。图 0-33 所示是 ABB IRB 120 和 IRB 1410 工业机器人的工作范围示意图。

4. 最大工作速度

最大工作速度，有的厂家指工业机器人自由度上最大的稳定速度，有的厂家指手臂末端的最大合成速度。工作速度越快，工作效率就越高。但是，工作速度越快就要花费更多的时间去升速和降速。

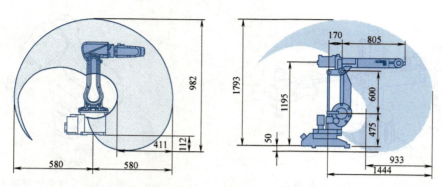

图 0-33　ABB IRB 120 和 IRB 1410 工作范围示意图

5. 承载能力

承载能力是指机器人在工作范围内的任何位置上所能承受的最大质量。承载能力不仅决定于负载的重量，而且与机器人运行的速度、加速度的大小和方向有关。为了安全起见，承载能力这一技术指标是指高速运行时的承载能力。承载能力不仅指负载，而且包括了机器人末端操作器的质量。

6. 原点

原点分为两种，即机械原点和工作原点。机械原点是指工业机器人各自由度共用的、机械坐标系中的基准点。工作原点是指工业机器人工作空间的基准点。

第二篇

工业机器人基本操作（基础篇）

任务一　　认识 YL-399 工业机器人实训装备

认识YL-399装备

亚龙 YL-399 工业机器人系统实训装备（见图 1-1）是一套将工业机器人基本操作融入工业应用情景的工业机器人实训设备，设备围绕工业机器人操作及应用的核心技能点，覆盖了基础训练、搬运应用、焊接应用、机床上下料应用、码垛应用、模拟涂胶、装配、变位机应用、自动生产线应用等项目。该装备采用落地式的安装形式，保证设备的稳定可靠，同时采用包含有机玻璃防护罩、安全门（安全锁）系统、安全光幕、语音报警器等多道硬件防护装置。

装备共有九个基础实训模块：基础学习和实训套件、搬运工作站、机床上下料工装套件、焊接工装套件、码垛工装套件、模拟涂胶工装套件、装配工装套件、伺服电机变位机、自动生产线工作站。各模块采用标准结构模块放置架，互换性强，可按照生产功能和学习功能的原则确定选择不同的模块。

图 1-1　YL-399 工业机器人实训装备

系统的控制部分分为两种控制模式。演示模式时采用 PLC、触摸屏对整个系统进行联机自动运行操作。实训模式时采用安全接插导线直接连接，不需要使用 PLC 对系统进行编程联机，可单独对机器人的工作进行自动运行控制。

YL-399结构组成

1. 工业机器人承载台

工业机器人承载台，如图 1-2 所示，分为三部分：操作对象承载台、工业机器人安装台及工作台接线盒与气动系统接线部分。操作对象承载台台面采用不锈钢面板，厚度为

22mm，表面镀铬处理，网格间距 30mm，M6 螺纹安装孔，可快速牢靠安装多种工作对象。工业机器人安装台用于安装工业机器人本体。

　　工作台接线盒与气动系统接线部分如图 1-3 所示，安装在工作台右侧。工作台接线盒由上方两条 15 组对接型接线端子和下方两个 16 针航空插组成。不同工装套件中所含的传感器信号线直接接到工作台接线盒上方的对接型接线端子上，下方 16 针航空插与电气控制柜连接。气动系统部分由油水分离器（气源装置）和电磁阀门组件组成，用于不同工装套件气动执行元件的控制。

图 1-2　工业机器人承载台

图 1-3　工作台接线盒与气动系统接线部分

2. 有机玻璃防护门

　　有机玻璃防护门（见图 1-4）采用铝合金型材与有机玻璃搭建，玻璃门上采用多重安全保护系统，有安全门禁锁、AGV 信号扬声器、安全光幕。

3. 工装夹具装配台及四门玻璃柜（见图 1-5）

　　工装夹具装配台尺寸为 900mm×500mm×1300mm，共分为两层。下层采用角铁焊接；上层桌面材质为绝缘橡胶，且装有台虎钳一台，桌面有单排工具摆放架，可供各种工具放置，用于练习拆装制作工装夹具使用。四门玻璃柜采用钣金结构，内有多层空间，用于存放实训套件。

图 1-4　有机玻璃防护门

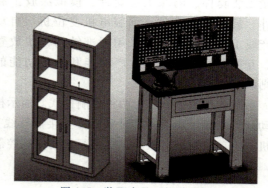

图 1-5　装配台及四门玻璃柜

4. 基础学习和实训套件

装备共配有九个基础实训模块：基础学习和实训套件、搬运工作站套件、机床上下料工装套件、焊接工装套件、码垛工装套件、模拟涂胶工装套件、装配工装套件、伺服电机变位机、自动生产线工作站，如图1-6~图1-14所示。

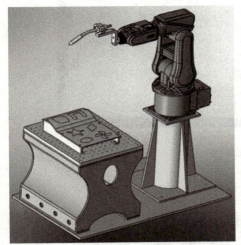
图1-6　基础学习和实训套件

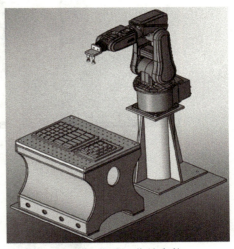
图1-7　搬运工作站套件

图1-8　机床上下料工装套件

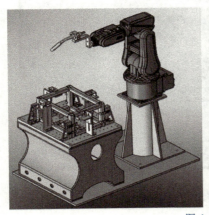

图1-9　焊接工装套件

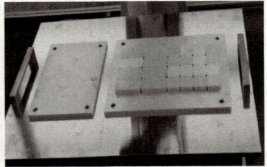

图 1-10　码垛工装套件

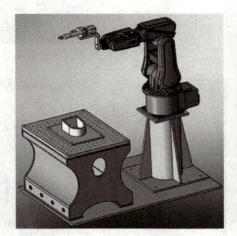
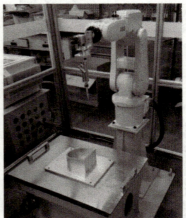

图 1-11　模拟涂胶工装套件

图 1-12　装配工装套件

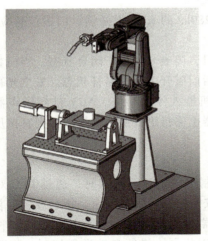

图 1-13 伺服电机变位机

图 1-14 自动生产线工作站

YL-399电气系统

本装备的电气系统主要由四大部分组成：电气控制柜、机器人控制柜、工作台信号接线盒和安全防护系统。

1. 电气控制柜

如图 1-15 所示，电气控制柜由接地端子、电源单元（漏开，空开）、开关电源、伺服驱动器、变频器、PLC、继电器转接板、继电器等组成。所有的电气元件信号均连接到继电器转接板上，通过模式选择开关选择不同模式与机器人控制柜连接。

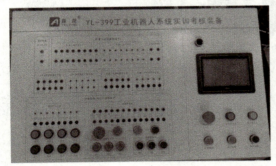 

图 1-15 电气控制柜面板及内部

2. 机器人控制柜

机器人控制柜电气部分主要包含：机器人供电电源开关、机器人输入/输出信号、机器人外部急停信号。

3. 工作台信号接线盒

工作台信号接线盒由两组 15 路对接型接线端子、两只 17 针航空插母头组成。接线盒主要作为工作台上不同的载体，即不同工装套件的各类传感器信号以及机器人夹具信号进行转接，各种信号线可直接接到接线盒上方的两组 15 路对接型接线端子上，信号线通过下方的两只航空插直接接入电气控制柜中，以供系统对工作台信号与机器人集成信号进行控制。

4. 安全防护系统

安全防护系统电气部分包含：门禁开关、吸力 280kg 的 KOB 电磁锁、门磁控感应开关、AGV 信号扬声器、警示灯、安全光幕等。

设备初始状态下电磁锁吸合，安全门关闭的同时，门磁开关处于闭合状态。当门禁开关按下时电磁锁失电打开，安全门可直接拉开，门开后门磁开关处于断开状态。安全光幕处于常闭状态，若触发安全光幕则设备进行安全保护，机器人停止动作。AGV 信号扬声器可对设备的操作进行语言提示，同时触发报警时，扬声器也进行语音播报。警示灯则直接反馈当前设备处于的状态。

5. 系统的控制模式

系统的控制部分有演示模式和实训模式两种控制方式。演示模式时，通过 PLC 对机器人及其他执行机构进行逻辑控制。实训模式时采用安全接插导线将按钮、指示灯、工装套件的各类传感器信号及执行元器件信号直接连接到机器人 IO 板，由机器人控制，在该种模式下，不需要使用 PLC 对系统进行编程联机，可单独对机器人进行自动运行控制，如图 1-16 所示。

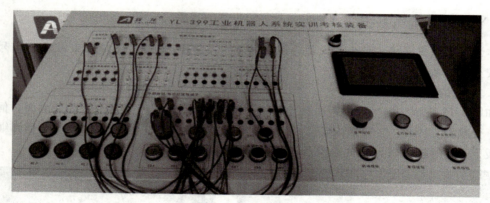

图 1-16　实训模式

任务二　认识 ABB 工业机器人

认识 IRB 120 机器人

IRB 120 是 ABB 机器人部 2009 年 9 月推出的最小机器人和速度最快的六轴机器人，是由 ABB（中国）机器人研发团队首次自主研发的一款新型机器人，IRB 120 是 ABB 新型第四代机器人家族的最新成员。IRB 120 具有敏捷、紧凑、轻量的特点，控制精度与路径精度俱佳，是物料搬运与装配应用的理想选择。

IRB 120 重 25kg，荷重 3kg（垂直腕为 4kg），工作范围达 580mm，手腕中心点工作范围示意图如图 2-1 所示，具体参数见表 2-1。

在尺寸大幅缩小的情况下，IRB 120 继承了该系列机器人的所有功能和技术，为缩减机器人工作站占地面积创造了良好条件。紧凑的机型结合轻量化的设计，成就了 IRB 120 卓越的经济性与可靠性，具有低投资、高产出的优势。

IRB 120 的最大工作行程为 411mm，底座下方拾取距离为 112mm，广泛适用于电子、食品饮料、机械、太阳能、制药、医疗、研究等领域，也是教学领域中较常见的机型。

为缩减机器人占用空间，IRB 120 可以任何角度安装在工作站内部、机械设备上方或生产线上其他机器人的近旁。机器人第 1 轴回转半径极小，更有助于缩短与其他设备的间距。

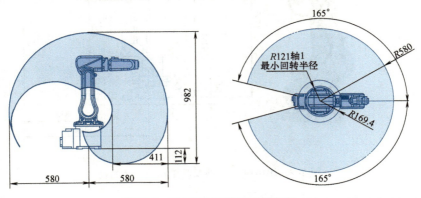

图 2-1　IRB 120 工作范围示意图

表 2-1　IRB 120 的主要参数

规格			运动		
型号	工作范围	有效荷重	手臂荷重	轴运动	工作范围	最大速度
IRB 120-3/0.6	580mm	3kg	0.3kg	轴 1 旋转	−165°～165°	250°/s
特征				轴 2 手臂	−110°～110°	250°/s
集成信号源	手腕设 10 路信号			轴 3 手臂	−90°～70°	250°/s
集成气源	手腕设 4 路气路（5×10⁵Pa）			轴 4 手腕	−160°～160°	320°/s
重复定位精度	0.01mm			轴 5 弯曲	−120°～120°	320°/s
机器人安装	任意角度			轴 6 翻转	−400°～400°	420°/s
防护等级	IP30			性能（1kg 拾料节拍）		
控制器	IRC 5 紧凑型/IRC 5 单柜或面板嵌入式			25mm×300mm×25mm		0.58s
电气连接				TCP 最大速度		6.2m/s
电源电压	200～600V，50/60Hz			TCP 最大加速度		28m/s²
额定功率				加速时间 0～1m/s		0.07s
变压器额定功率	3.0kV·A			环境（机械手环境温度）		
功耗	0.25kW			运行中		5～45℃
物理特性				运输与储存		−25～55℃
机器人底座尺寸	180mm×180mm			短期		最高为 70℃
机器人高度	700mm			相对湿度		最高为 95%
重量	25kg			噪声水平		最高为 70dB
辐射	EMC/EMI 屏蔽			安全性		安全停、紧急停、2 通道安全回路检测、3 位启动装置

表格中的数学公式请参见上表中的表达式。

认识 IRB 1410 机器人

IRB 1410 外型及其工作范围示意图如图 2-2 所示，它以性能卓越、经济效益显著、资金回收周期短等特点，在弧焊、物料搬运和过程应用领域得到广泛的应用。

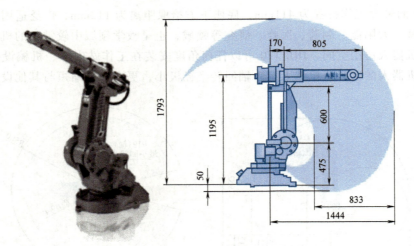

图 2-2　IRB 1410 外型及其工作范围示意图

IRB 1410 机器人的特点如下：

1）IRB 1410 工作周期短、运行可靠，能助用户大幅提高生产效率。该款机器人在弧焊应用中历经考验，性能出众，附加值高，投资回报快。

2）IRB 1410 手腕荷重 5kg；上臂提供独有 18kg 附加荷重，可搭载各种工艺设备。控制水平和循径精度优越。

3）IRB 1410 的过程速度和定位均可调整，能达到最佳的制造精度，次品率极低，甚至达到零。

4）IRB 1410 以其坚固可靠的结构而著称，而由此带来的其他优势是噪声水平低、例行维护间隔时间长、使用寿命长。

5）IRB 1410 的工作范围大、到达距离长、结构紧凑、手腕极为纤细，即使在条件苛刻、限制颇多的场所，仍能实现高性能操作。

6）专为弧焊而优化，IRB 1410 采用优化设计，设有送丝机走线安装孔，为机械臂搭载工艺设备提供便利。标准 IRC 5 机器人控制器中内置各项人性化弧焊功能，可通过专利的编程操作手持终端 FlexPendant（示教器）进行操控。

IRB 1410 机器人的技术参数见表 2-2。

表 2-2　IRB 1410 机器人技术参数

技术参数	值	技术参数	值
承重能力	5kg	轴数	6
附加载荷/kg	第三轴 18、第一轴 19	TCP 最大传输速度/（m/s）	2.1
第五轴到达距离/m	1.44	电源电压及频率	200～600V、50/60Hz
安装方式	落地式	集成信号源	上臂 12 路信号
额定电流/A	5.1	功率/W	1500

认识IRC 5控制器系统

IRC 5 控制系统包括主电源、计算机供电单元、计算机控制模块（计算机主体）、输入/输

出板、Customer connections（用户连接端口）、
FlexPendant 接口（示教盒接线端）、轴计算机
板、驱动单元（机器人本体、外部轴）。系统
构成如图 2-3 所示，具体介绍如下：

A：操纵器（图中所示为普通型号）。

B1：IRC 5 Control Module，包含机器人
系统的控制电子装置。

B2：IRC 5 Drive Module，包含机器人系
统的电源电子装置。在 Single Cabinet
Controller 中，Drive Module 包含在单机柜中。
MultiMove 系统中有多个 Drive Module。

C：RobotWare 光盘，包含所有机器人
软件。

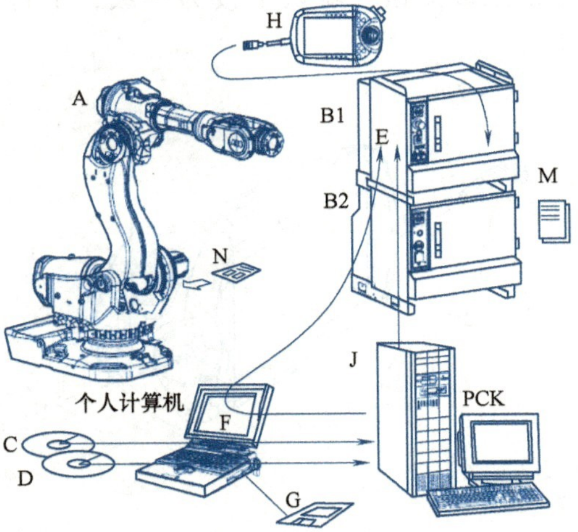

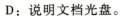

图 2-3　系统构成

D：说明文档光盘。

E：由机器人控制器运行的机器人系统软件。

F：RobotStudio Online 计算机软件（安装于个人计算机上）。RobotStudio Online 用于将
RobotWare 软件载入服务器，以及配置机器人系统并将整个机器人系统载入机器人控制器。

G：带 Absolute Accuracy 选项的系统专用校准数据磁盘。不带此选项的系统所用的校准
数据通常随串行测量电路板（SMB）提供。

H：与控制器连接的 FlexPendant。

J：网络服务器（不随产品提供），可用于手动储存 RobotWare、成套机器人系统、说明
文档。在此情况下，服务器可视为某台计算机使用的存储单元，甚至计算机本身。如果服务
器与控制器之间无法传输数据，则可能是服务器已经断开。

PCK：服务器的用途：使用计算机和 RobotStudio Online 可手动存取所有的 RobotWare 软
件。手动储存通过便携式计算机创建的全部配置系统文件。手动存储由便携式计算机和 Ro-
botStudio Online 安装的所有机器人说明文档。在此情况下，服务器可视为由便携式计算机使
用的存储单元。

M：RobotWare 许可密钥。原始密钥字符串印于 Drive Module 内附纸片上（对于 Dual
Controller，其中一个密钥用于 Control Module，另一个用于 Drive Module；而在 MultiMove 系
统中，每个模块都有一个密钥）。RobotWare 许可密钥在出厂时安装，从而无须进行额外的
操作来运行系统。

N：处理分解器数据和存储校准数据的串行测量电路板（SMB）。对于不带 Absolute Ac-
curacy 选项的系统，出厂时校准数据存储在 SMB 上。个人计算机（不随产品提供）可能就
是图中所示的网络服务器 J。如果服务器与控制器之间无法传输数据，则可能是计算机已经
断开连接。

认识示教单元

示教器如图 2-4 所示，FlexPendant 设备（有时也称为 TPU 或示数单元）用于处理与机
器人系统操作相关的许多功能，如运行程序、微动控制操纵器、修改机器人程序等。使能装

置上的三级按钮：默认不按为一级，不得电；按一下为二级，得电；按到底为三级，不得电。

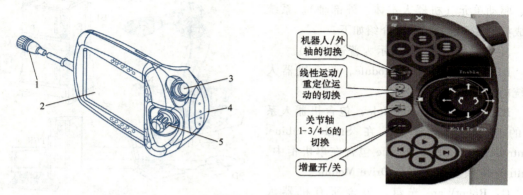

机器人/外轴的切换

线性运动/重定位运动的切换

关节轴1-3/4-6的切换

增量开/关

图 2-4　示教器

1—连接器　2—触摸屏　3—紧急停止按钮　4—使动装置　5—控制杆

示教单元的初始界面如图 2-5 所示，另有初始窗口、Jogging 窗口、输入/输出（I/O）窗口、Quickset Menu（快捷菜单）、特殊工作窗口。

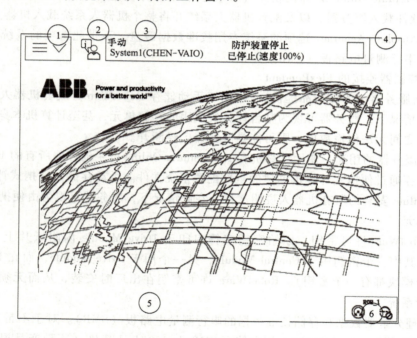

图 2-5　初始界面

1—ABB 菜单　2—操作员窗口　3—状态栏　4—关闭按钮　5—任务栏　6—快速设置菜单

认识机器人坐标系

1. 目标点和路径

在对机器人动作进行编程时，需要使用目标点（位置）和路径（向目标点移动的指令序列）。

目标点是机器人要达到的坐标。它通常包含以下信息：位置（目标点在工件坐标系中的相对位置）、方向（目标点的方向，以工件坐标的方向为参照，当机器人达到目标点时，它会将 TCP 的方向对准目标点的方向）、Configuration（用于指定机器人要如何达到目标点的配置值）。

路径是指向目标点移动的指令顺序。机器人将按路径中定义的目标点顺序移动。

2. 坐标系

在 RobotStudio 软件中，可以使用坐标系或用户定义的坐标系进行元素和对象的相互关联。

各坐标系之间在层级上相互关联。每个坐标系的原点都被定义为其上层坐标系之一中的某个位置。下面介绍常用的坐标系统。

1）工具中心点坐标系（也称为 TCP）：是工具的中心点。可以为一个机器人定义不同的 TCP。所有的机器人在机器人的工具安装点处都有一个被称为 tool0 的预定义 TCP。当程序运行时，机器人将该 TCP 移动至编程的位置。

2）RobotStudio 大地坐标系：用于表示整个工作站或机器人单元。这是层级的顶部，所有其他坐标系均与其相关（当使用 RobotStudio 时）。

基座（BF）：在 RobotStudio 和现实中，工作站中的每个机器人都拥有一个始终位于其底部的基础坐标系。

任务框（TF）：在 RobotStudio 中，任务框表示机器人控制器大地坐标系的原点。

图 2-6 所示说明了基座与任务框之间的差异。左图中的任务框与机器人基座位于同一位置。右图则已将任务框移动至另一位置处。

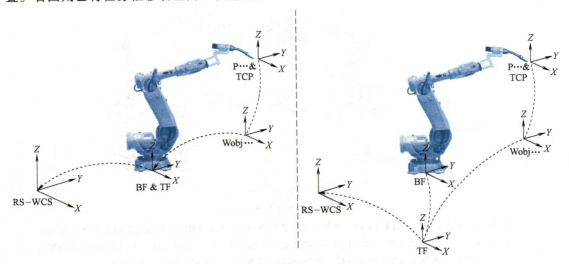

图 2-6　基座与任务框之间的差异

RS-WCS—大地坐标系　BF—机器人基座　TCP—工具中心点
P—机器人目标　TF—任务框　Wobj—工件坐标

图 2-7 所示说明了如何将 RobotStudio 中的工作框映射到现实中的机器人控制器坐标系，如映射到车间中。

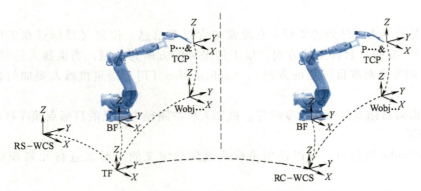

图 2-7　映射真实机器人控制器坐标系

RS-WCS—大地坐标系　RC-WCS—机器人控制器中定义的大地坐标系　BF—机器人基座

TCP—工具中心点　P—机器人目标　TF—任务框　Wobj—工件坐标

3）工件坐标系：通常表示实际工件。它由两个坐标系组成：用户框架和对象框架，其中，后者是前者的子框架。对机器人进行编程时，所有目标点（位置）都与工作对象的对象框架相关。如果未指定其他工作对象，目标点将与默认的 Wobj0 关联，Wobj0 始终与机器人的基座保持一致。

3. 具有多个机器人系统的工作站

对于单机器人系统，RobotStudio 的工作框与机器人控制器大地坐标系相对应。如果工作站中有多个控制器，则任务框允许所连接的机器人在不同的坐标系中工作，即可以通过为每个机器人定义不同的工作框，从而使这些机器人的位置彼此独立，如图 2-8 所示。

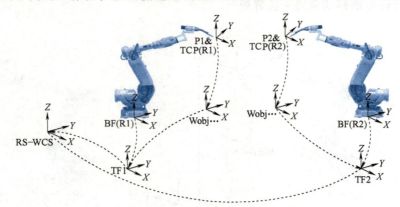

图 2-8　多机器人多坐标系

RS-WCS—大地坐标系　TCP（R1）—机器人 1 的工具中心点　TCP（R2）—机器人 2 的工具中心点

BF（R1）—机器人系统 1 的基座　BF（R2）—机器人系统 2 的基座　P1—机器人目标 1　P2—机器人目标 2

TF1—机器人系统 1 的任务框　TF2—机器人系统 2 的任务框　Wobj—工件坐标

（1）MultiMove Coordinated 系统（见图 2-9）

MultiMove 功能可帮助用户创建并优化 MultiMove 系统的程序，使一个机器人或定位器夹持住工件，由其他机器人对其进行操作。

当对机器人系统使用 RobotWare 选项 MultiMove Coordinated 时，这些机器人必须在同一坐标系中工作。同样地，RobotStudio 禁止隔离控制器的工作框。

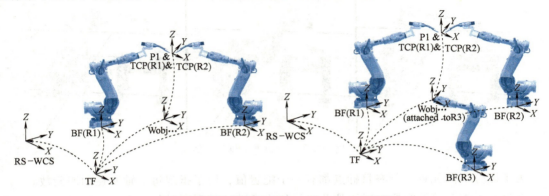

图 2-9　多机器人 MultiMove Coordinated 系统

RS-WCS—大地坐标系　TCR（R1）—机器人 1 的工具中心点　TCP（R2）—机器人 2 的工具中心点

BF（R1）—机器人 1 的基座　BF（R2）—机器人 2 的基座　BF（R3）—机器人 3 的基座

P1—机器人目标 1　TF—任务框　Wobj—工件坐标

（2）MultiMove Independent 系统（见图 2-10）

对机器人系统使用 RobotWare 选项 MultiMove Independent 时，多个机器人可在一个控制器的控制下同时进行独立的操作。即使只有一个机器人控制器大地坐标系，机器人通常在单独的多个坐标系中工作。要在 RobotStudio 中实现此设置，必须将机器人的任务框隔离开来且彼此独立定位。

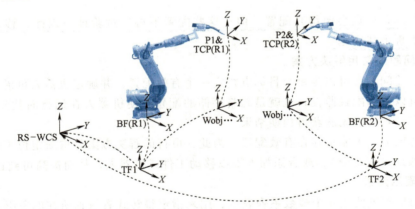

图 2-10　多机器人 MultiMove Independent 系统

RS-WCS—大地坐标系　TCP（R1）—机器人 1 的工具中心点　TCP（R2）—机器人 2 的工具中心点

BF（R1）—机器人 1 的基座　BF（R2）—机器人 2 的基座　P1—机器人目标 1　P2—机器人目标 2

TF1—任务框　TF2—任务框　Wobj—工件坐标

认识机器人轴的配置

1. 轴配置

目标点定义并存储为 WorkObject 坐标系内的坐标。控制器计算出当机器人到达目标点时轴的位置，它一般会找到多个配置机器人轴的解决方案，如图 2-11 所示。

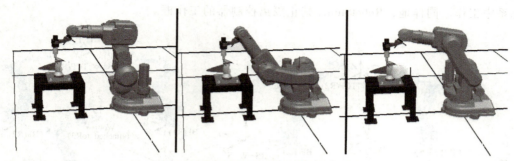

图 2-11　多个配置机器人轴解决方案

为了区分不同配置，所有目标点都有一个配置值，用于指定每个轴所在的四元数。

在目标点中存储轴配置，对于那些将机器人微动调整到所需位置之后示教的目标点，所使用的配置值将存储在目标中。

凡是通过指定或计算位置和方位创建的目标，都会获得一个默认的配置值（0，0，0，0），该值可能对机器人到达目标点无效。

2. 轴配置的常见问题

在多数情况下，如果创建目标点使用的方法不是微动控制，则无法获得这些目标的默认配置。

即便路径中的所有目标都已验证配置，如果机器人无法在设定的配置之间移动，则运行该路径时可能也会遇到问题。如果轴在线性移动期间移位幅度超过 90°，则可能会出现这种情况。

重新定位的目标点会保留其配置，但是这些配置不再经过验证。因此，移动到目标点时，可能会出现上述问题。

3. 配置问题的常用解决方案

要解决上述问题，可以为每个目标点指定一个有效配置，并确定机器人可沿各个路径移动。此外，可以关闭配置监控，也就是忽略存储的配置，使机器人在运行时找到有效配置。如果操作不当，则可能无法获得预期结果。

在某些情况下，可能不存在有效配置。为此，可行的解决方案是重新定位工件，重新定位目标点（如果过程接受），或者添加外轴以移动工件或机器人，从而提高可到达性。

4. 如何表示配置

机器人的轴配置使用 4 个整数系列表示，用来指定整转式有效轴所在的象限。象限的编号从 0 开始为正旋转（逆时针），从 -1 开始为负旋转（顺时针）。

对于线性轴，整数可以指定距轴所在的中心位置的范围（以米为单位）。六轴工业机器人的配置（如 IRB 140）[0 -1 2 1] 如下所示：

第一个整数（0）指定轴 1 的位置：位于第一个正象限内（介于 0°～90° 的旋转）。

第二个整数（-1）指定轴 4 的位置：位于第一个负象限内（介于 0°～-90° 的旋转）。

第三个整数（2）指定轴 6 的位置：位于第三个正象限内（介于 180°～270° 的旋转）。

第四个整数（1）指定轴 x 的位置：这是用于指定与其他轴关联的手腕中心的虚拟轴。

5. 配置监控

执行机器人程序时，可以选择是否监控配置值。如果关闭配置监控，将忽略使用目标点存储的配置值，机器人将使用最接近其当前配置的配置值移动到目标点。如果打开配置监控，则只使用指定的配置值伸展到目标点。

用户可以分别关闭或打开关节和线性移动的配置监控，并由 ConfJ 和 ConfL 动作指令控制。

（1）关闭配置监控

如果在不使用配置监控的情况下运行程序，每执行一个周期时，得到的配置可能会有所不同：机器人在完成一个周期后返回起始位置时，可以选择与原始配置不同的配置。

对于使用线性移动指令的程序，可能会出现这种情况：机器人逐步接近关节限值，但是最终无法伸展到目标点。

对于使用关节移动指令的程序，可能会导致完全无法预测的移动。

（2）打开配置监控

如果在使用配置监控的情况下运行程序，会强制机器人使用目标点中存储的配置。这样，循环和运动便可以预测。但是，在某些情况下，如机器人从未知位置移动到目标点时，如果使用配置监控，则可能会限制机器人的可到达性。

离线编程时，如果程序要使用配置监控执行，则必须为每个目标指定一个配置值。

任务三　示教器基本操作

本任务从最基本的示教器操作开始，学习 ABB 机器人的基本操作。图 3-1 所示是一个最小化工业机器人系统。读者可利用该工业机器人系统进行示教器的基本操作仿真练习。

解压工作站打包文件"operation.rspag"，如图 3-2 所示，工作站解包流程如图 3-3 所示，完成后单击"完成"按钮即可。

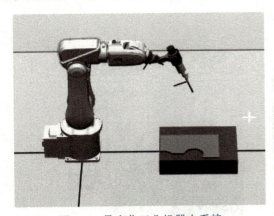

图 3-1　最小化工业机器人系统

operation.
rspag

图 3-2　工作站打包文件

正确手持示教器

示教器是进行机器人的手动操作、程序编写、参数配置以及监控的手持装置，也是使用者最常打交道的控制装置。

正确手持示教器的方法如图 3-4 所示。

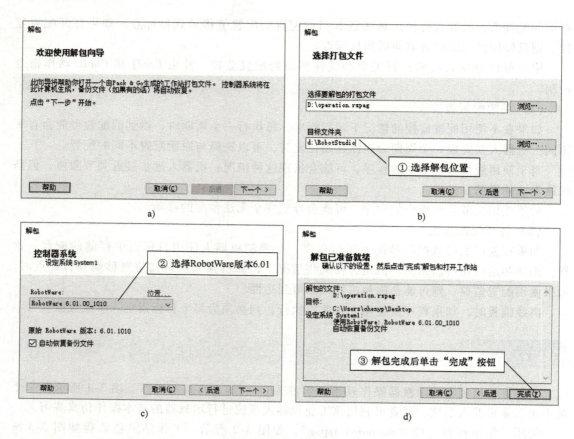

图 3-3　工作站解包流程

图 3-4　手持示教器方法

示教器操作

1. 机器人上电操作

首次上电，确认输入电压正常后，将控制柜上如图 3-5 所示的电源开关拨到"ON"状态，机器人上电，系统开始启动。启动完成后，示教器上出现如图 2-5 所示的初始界面。

在 RobotStudio 软件中，无须上电操作，只需在解压好的工作站文件中，依次选择"控制器"→"虚拟示教器"选项，过程如图 3-6 所示，即可打开示教器初始界面。

图 3-5 电源开关

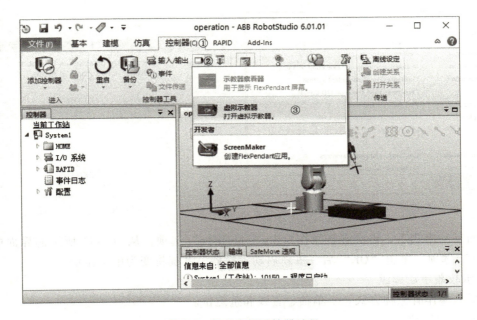

图 3-6 打开虚拟示教器过程

2. 机器人工作方式切换

机器人有"手动"和"自动"两种工作方式可切换，在真实操作中，旋转控制器上的工作方式选择钥匙。仿真操作中，单击操纵杆左侧的"方式"按钮（见图 3-7），在弹出的界面中选择"手动"或"自动"模式，在 ABB 左上侧的状态栏中也可以观察示教器处于"Auto"自动状态还是"Manual"手动状态（见图 3-8）。

图 3-7 工作方式切换

3. 语言设定

在"operation. rspag"这一文件中，示教器的语言是 English，下面将以设定示教器的语言为例说明示教器的最简单操作。

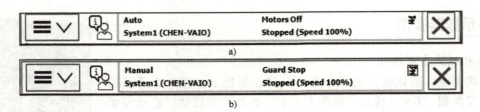

图 3-8　工作状态显示
a）自动状态　b）手动状态

单击主菜单界面中的控制面板"Control Pannel"，单击图 3-9 中的"Language"选项，弹出如图 3-10 所示的对话框，则说明机器人控制器处于自动模式"Auto"，需要切回手动模式。

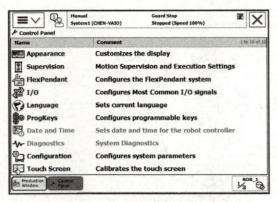

图 3-9　控制面板界面

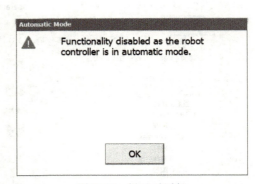

图 3-10　提示对话框

切回手动模式后，再次重新操作单击"Language"选项，从图 3-11 所示的界面中选择"Chinese"选项。单击"OK"后，重新启动示教器，系统将变为中文显示。

4. 示教器手动操纵

机器人操作有三种方式——单轴、直线和重定位。

（1）单轴运动

从主界面进入后，单击"手动操纵"，进入如图 3-12 所示的界面。

在"操纵杆方向"区域内，可以看到操纵杆方向与所控制的 1、2、3 轴的对应关系，此状态下，通过操作控制杆可控制 1、2、3 单轴转动。单击 ，"操纵杆方向"区域内切换为 4、5、6 单轴的操作，如图 3-13 所示。通过操纵 1~6 轴可将机器人移动到 P0 点（见图 3-14）。

（2）直线运动

从 P0 点移动到 P1 点，如果采用单轴控制方式则比较复杂。由于 P0 和 P1 点的 Z 轴坐标相同，因此通过直线操作机器人，便可使机器人快速移动到 P1 点。

单击 ，"操纵杆方向"区域内切换成 X、Y、Z 方向，并看到示教器右下方的快速设置区域的坐标形式为直角坐标，如图 3-15 所示，此时切换为直线运动方式。此状态下，操作操纵杆，机器人 6 个轴联动，可沿 X、Y、Z 方向直线移动。通过操作操纵杆将机器人快速移至 P1 点（见图 3-16）。

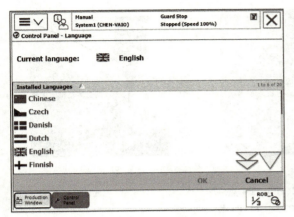

图 3-11　语言选择界面

图 3-12　手动操纵界面

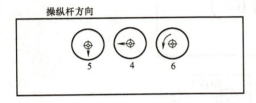

图 3-13　操纵杆方向操作切换

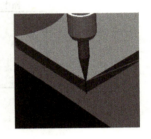

图 3-14　P0 点

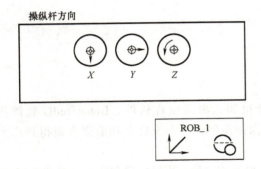

图 3-15　直线运动状态

图 3-16　P1 点

采用相同的方法将机器人移动至 P2、P3、P4 点，如图 3-17 所示。

（3）重定位运动

重定位运动是指机器人第六轴法兰盘上的工具 TCP 点在空间中绕着坐标轴旋转的运动，也可以理解为机器人绕着工具 TCP 点做姿态调整的运动。

单击，"操纵杆方向"区域内切换成 X、Y、Z 方向，并看到示教器右下方的快速设置区域为圆形，即切换为重定位运动，如图 3-18 所示。此状态下，操作操纵杆，机器人第六轴法兰盘上的工具 TCP 点在空间中即绕着坐标轴旋转。

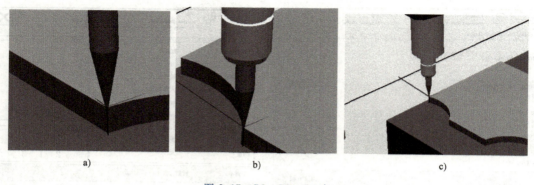

图 3-17　P2、P3、P4 点

a）P2 点　　b）P3 点　　c）P4 点

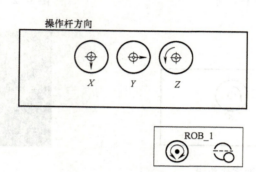

图 3-18　重定位运动状态

任务四　RobotStudio 软件的基本使用方法

软件安装与基本操作

RobotStudio 软件是 ABB 公司专门开发的工业机器人离线编程软件。RobotStudio 软件代表了目前最新的工业机器人离线编程水平，它以操作简单、界面友好和功能强大而得到广大机器人工程师的一致好评。

RobotStudio 软件功能强大，可用于 ABB 机器人单元的建模、离线创建和仿真。安装 6.01.01 版 RobotStudio 软件如图 4-1 所示，单击"下一步"按钮，直接进行安装。同时，软件会自动安装 6.01 版本的 RobotWare 套件，它是功能强大的控制器套装软件，用于控制机器人和外围设备。

安装完成后，RobotStudio 软件需要授权许可证激活，如果没有 ABB 公司授权，则只能使用 30 天，30 天后软件中的部分功能将被限制使用，如无法进行建模等。

RobotStudio 软件允许使用离线控制器，即在个人计算机上本地运行的虚拟 IRC 5 控制器。这种离线控制器也被称为虚拟控制器（VC）。RobotStudio 还允许使用真实的物理 IRC 5 控制器（简称为"真实控制器"）。当 RobotStudio 随真实控制器一起使用时，我们称它处于在线模式。当在未连接到真实控制器或在连接到虚拟控制器的情况下使用时，我们说 RobotStudio 处于离线模式。

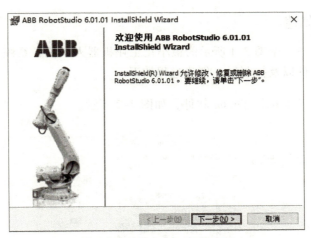

图 4-1 RobotStudio 安装界面

软件操作的鼠标基本操作见表 4-1 所示。

表 4-1 鼠标基本操作

目 的	使用键盘/鼠标组合	说 明
选择项目		只需单击要选择的项目即可
旋转工作站	Ctrl+Shift+	按<Ctrl+Shift+鼠标左键>的同时,拖动鼠标对工作站进行旋转
平移工作站	Ctrl+	按<Ctrl>键和鼠标左键的同时,拖动鼠标对工作站进行平移
缩放工作站	Ctrl+	按<Ctrl>键和鼠标右键的同时,将鼠标拖至左侧(右侧)可以缩小(放大)
使用窗口缩放	Shift+	按<Shift>键及鼠标右键的同时,将鼠标拖过要放大的区域
使用窗口选择	Shift+	按<Shift>键及鼠标左键的同时,将鼠标拖过该区域,以便选择与当前选择层级匹配的所有项目

软件操作的快捷键基本操作见表 4-2。

表 4-2 快捷键基本操作

操作	快捷键	操作	快捷键
打开帮助文档	F1	添加工作站系统	F4
打开虚拟示教器	Ctrl+F5	保存工作站	Ctrl+S
激活菜单栏	F10	创建工作站	Ctrl+N
打开工作站	Ctrl+O	导入模型库	Ctrl+J
屏幕截图	Ctrl+B	导入几何体	Ctrl+G
示教运动指令	Ctrl+Shift+R		
示教目标点	Ctrl+R		

仿真工作站创建

自己动手搭建任务三中图 3-1 所示的最小化工业机器人系统，系统包含一台 IRB 120 工业机器人、工具、工件以及控制器，创建过程如下。

1）双击 ，打开 RobotStudio 软件，如图 4-2 所示。

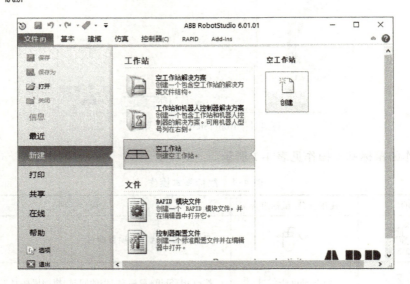

图 4-2　RobotStudio 软件初始界面

2）选择创建空工作站。选择"文件"选项卡下的"新建"→"空工作站"选项，单击右侧的"创建"按钮创建一个空工作站，进入如图 4-3 所示的界面。

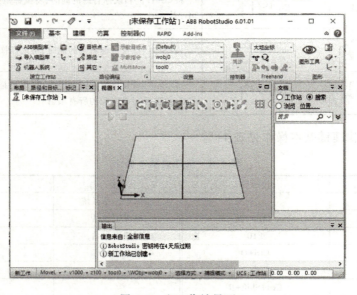

图 4-3　空工作站界面

3）导入 ABB 工业机器人到工作站。单击"基本"选项卡中的 ![ABB模型库]，进入如图 4-4 所示的"ABB 模型库"，选中 IRB 120 型工业机器人，则在工作站中出现了图 4-5 所示的 ABB IRB 120 机器人模型。

图 4-4　ABB 模型库

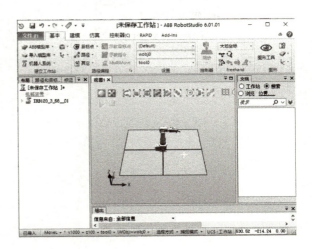

图 4-5　添加后 ABB IRB 120 机器人模型

4）为工业机器人添加工具和工件。采用与导入工业机器人相同的方法，为系统添加工具和工件，如图 4-6 所示。在"基本"选项卡中选择"导入模型库"→"设备"→"Training Objects"中的"My Tool"和"Curve Thing"。

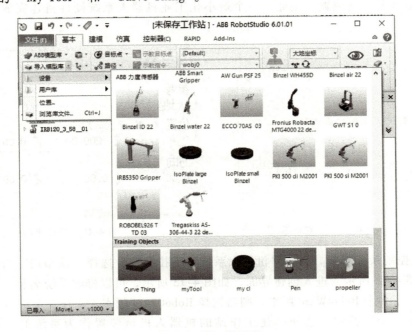

图 4-6　导入模型库

5）将 MyTool 安装到机器人上。添加完成后在图 4-7 所示的工具栏左侧的"布局"选项卡中生成工作站及工具，右键单击"My Tool"，在图 4-8 中找到"安装到"选项，把工具安装到指定的工作站机器人上，弹出如图 4-9 所示的"更新位置"对话框，单击"是"按钮。

图 4-7　布局界面

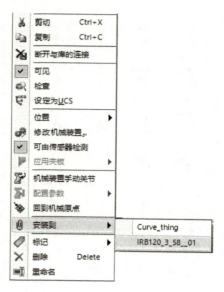

图 4-8　将工具安装到指定机器人上

6）设置 Curve-thing 的位置。右键单击"Curve-thing"，选择设定位置，在图 4-10 所示的对话框中设置其合适位置。至此，一个最小化工业机器人系统硬件搭建完成，如图 4-11 所示。

图 4-9　"更新位置"对话框

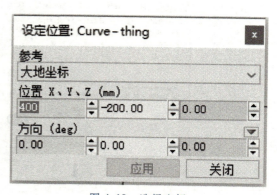

图 4-10　选择坐标

7）创建控制系统部分。单击"机器人系统"下拉按钮，选择"从布局"选项，创建控制系统，如图 4-12 所示。进入创建界面，如图 4-13 所示，可以修改系统名称、设定保存位置，如果安装了多个 RobotWare 版本，则需选择 RobotWare 版本。

单击"下一个"按钮，选择已建工作站的机器人机械装置作为系统的一部分，如图 4-14 所示，再单击"下一个"按钮，弹出如图 4-15 所示的系统选项。

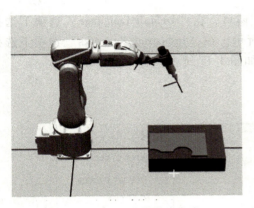

图 4-11　硬件系统搭建完成

图 4-12　从布局创建系统

图 4-13　进入创建界面

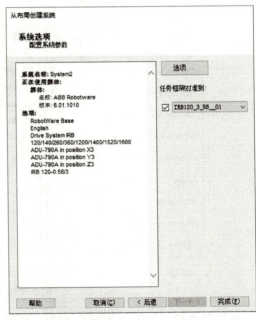

图 4-14　选择机械装置

图 4-15　系统选项

8）单击"选项"按钮，打开"更改选项"窗口，在"Default Language"选项下选择"Chinese"（中文）作为默认语言，如图 4-16 所示，在"Industrial Networks"选项下选择"709-1 DeviceNet Master/Slave"作为工业网络，如图 4-17 所示。

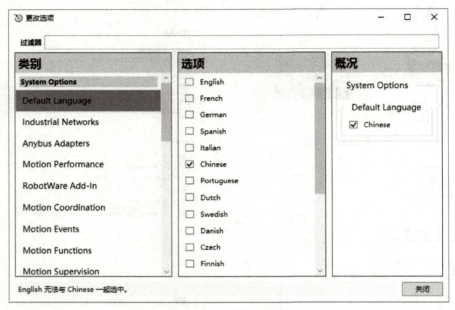

图 4-16　默认语言设置

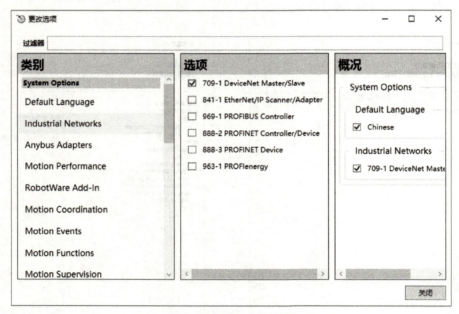

图 4-17　修改总线选项

选择完成后，单击"关闭"按钮，返回图 4-15 所示的界面，单击"完成"按钮后，控制系统创建完成。至此，整个仿真机器人系统创建完成。

在"文件"选项卡中，选择保存工作站，将创建的工作站保存为"operation. rsstn"文件。如果想与他人分享，可将工作站、控制系统等文件打包，方法为选择"文件"→"共享"→"打包"选项，在"打包"对话框中，选择保存位置，如图4-18所示，打包文件格式为"rspag"。

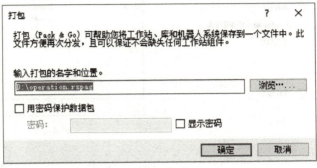

图 4-18　工作站打包

程序数据的创建

　　程序数据是在程序模块或系统模块中设定的值和定义的一些环境数据。创建的程序数据由同一个模块或其他模块中的指令进行引用。图4-19所示为常用的机器人关节运动的指令调用的四种类型的程序数据。

　　程序数据的建立一般可以分为两种形式，一种是直接在示教器的程序数据画面中建立；另一种是在建立程序指令时，同时自动生成对应的程序数据。

指令 程序数据	MoveJ　p10,v1000,z50,tool0; ①　　②　　③　　④			
数据类型	①robtarget	②speeddata	③zonedata	④toolbodata
说明	运动目标位置数据	运动速度数据	运动转弯数据	工具数据 TCP

图 4-19　指令格式及数据类型

1. 新建程序数据

　　下面以建立 robtarget 类型的名为"p0"的程序数据为例，目标点位置如图4-20所示，说明程序数据的建立过程。

　　打开工作站文件"operation. rsstn"，打开虚拟示教器，进入主界面，如图4-21所示，单击"程序数据"，出现如图4-22所示的"程序数据-已用数据类型"对话框，该对话框中可能没有"robtarget"类型的数据（如该类型数据还未创建过），此时单击右下角的"视图"按钮，出现如图4-23所示的下拉菜单，选择"全部数据类型"选项，在图4-24所示的"程序数据-全部数据类型"对话框中找到并选中 robtarget 数据类型，单击"显示数据"，出现如图4-25所示的 robtarget 数据对话框，单击"新建"按钮，弹出如图4-26所示的"新数据声明"对话框，设置"名称""范围""存储类型""任务""模块""例行程序""维数"等参数，将名称修改为"p0"。

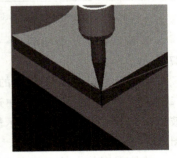

图 4-20　p0 位置目标点

图 4-21　主界面

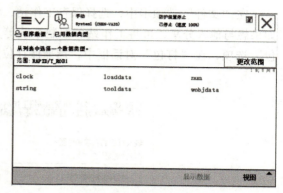

图 4-22　已有数据类型

图 4-23　"视图"下拉菜单

图 4-24　全部数据类型

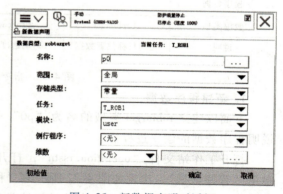

图 4-25　robtarget 数据对括框

图 4-26　新数据声明对话框

　　单击"确定"按钮后，一个 robtarget 类型的名为"p0"的程序数据新建完成，如图 4-27 所示。

　　通过运用任务三中介绍的单轴运动操作方法，将机器人移动至 p0 点后，单击下方的"编辑"按钮，在下拉菜单中选择"修改位置"选项，如图 4-28 所示，当前机器人位置就被记忆为 p0，这样 p0 点即示教完成。以同样的方法可完成新建并示教任务三中图 3-16 和图 3-17 所示的 P1、P2、P3、P4 点，建立完成后的打包文件为"operation_ p.rspag"。

　　其他程序数据的新建和查阅方法如上，在建立一些数据时可能需要人工设定参数，在此

图 4-27　p0 数据新建完成

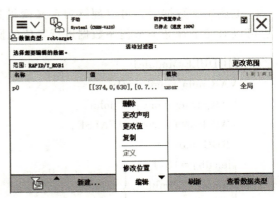

图 4-28　修改位置

不重复列举了。

ABB 机器人的程序数据有 98 个，并且可以根据实际情况进行程序数据的创建，为 ABB 机器人的程序设计带来无限的可能。在图 4-24 所示的"程序数据-全部数据类型"对话框中可查看和创建所需的程序数据。

根据不同的数据用途，定义了不同的程序数据，表 4-3 所示是部分程序数据的说明。

表 4-3　机器人系统常用的程序数据

程序数据	说　　明	程序数据	说　　明
bool	布尔量	Byte	整数数据（0~255）
clock	计时数据	Dionum	数字输入/输出信号
extjoint	外轴位置数据	intnum	中断标志符
jointtarget	关节位置数据	loaddata	负荷数据
mecunit	机械装置数据	num	数值数据
orient	姿态数据	pos	位置数据（只有 X、Y 和 Z）
pose	坐标转换	robjoint	机器人轴角度数据
robtarget	机器人与外轴的位置数据	speeddata	机器人与外轴的速度数据
string	字符串	tooldata	工具数据
trapdata	中断数据	wobjdata	工件数据
zonedata	TCP 转弯半径数据		

2. 程序数据的存储类型

（1）变量 VAR

变量数据在程序执行的过程中和停止时，会保持当前的值。但当程序指针被移到主程序中后，数值就会丢失。

举例说明：

```
MODULE Module1
VAR num length：=0；名称为 length 的数字数据
VAR string name：="John"；名称为 name 的字符数据
VAR bool finished：=FALSE；名称为 finished 的布尔量数据
ENDMODULE
```

上述定义数据时，可以理解为定义变量数据的初始值。在机器人执行的 RAPID 程序中也可以对变量存储类型程序数据进行赋值的操作。

```
MODULE Module1
VAR num length: = 0;
VAR string name: = "John";
VAR bool finished: = FALSE;
PROC main( )
  length: = 10-1;
  name: = "Smith";
  finished: = TRUE;
END PROC
ENDMODULE
```

在程序中执行变量型程序数据的赋值，在指针复位后将恢复为初始值。

（2）可变量 PERS

可变量的最大特点是，无论程序的指针如何，都会保持最后赋予的值。

举例说明：

```
MODULE Module1
PERS num nbr: = 1;名称为 nbr 的数字数据
PERS string text: = "hello";名称为 text 的字符数据
ENDMODULE
```

在机器人执行的 RAPID 程序中也可以对可变量存储类型程序数据进行赋值的操作。

```
MODULE Module1
PERS num nbr: = 1;名称为 nbr 的数字数据
PERS string text: = "hello";名称为 text 的字符数据
PROC main( )
nbr: = 8;
text: = "Hi";
END PROC
ENDMODULE
```

在程序执行以后，赋值的结果会一直保持，直到对其进行重新赋值。

（3）常量 CONST

常量的特点是在定义时已赋予了数值，且不能在程序中修改，除非手动修改。

举例说明：

```
MODULE Module1
CONST num gravity: = 9.81;名称为 gravity 的数字数据
CONST string greating: = "hello";名称为 greating 的字符数据
ENDMODULE
```

存储类型为常量的程序数据，不允许在程序中进行赋值操作。

3. 关键程序数据的设定

在进行正式的编程之前，就需要构建起必要的编程环境，其中有三个必需的程序数据（即工具数据 tooldata、工件坐标 wobjdata、负荷数据 loaddata）就需要在编程前进行定义。下面介绍这三个程序数据的设定方法。

（1）工具数据 tooldata 的设定

工具数据 tooldata 用于描述安装在机器人第六轴上的工具 TCP、质量、重心等参数数据。一般不同的机器人应用配置不同的工具，如弧焊的机器人就使用弧焊枪作为工具，而用于搬运板材的机器人就会使用吸盘式的夹具作为工具。

默认工具（tool0）的工具中心点（Tool Center Point）位于机器人安装法兰的中心，如图 4-29 中的 A 点就是原始的 TCP 点。工具是独立于机器人的，由应用来确定。有了工具的中心，在实际应用中示教就会方便很多。读者可以以 TCP 为原点建立一个空间直角坐标系。

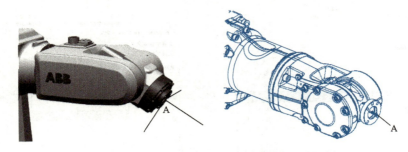

图 4-29 工具中心点 TCP

TCP 取点数量有三种方法：四点法，不改变 tool0 的坐标方向；五点法，改变 tool0 的 Z 方向；六点法，改变 tool0 的 X 和 Z 方向（在焊接应用中较为常用）。前三个点的姿态相差尽量大些，这样有利于 TCP 精度的提高。

TCP 设定原理如下：

1）在机器人工作范围内找一个非常精确的固定点作为参考点。

2）在工具上确定一个参考点（最好是工具的作用点）。

3）用之前介绍的手动操作机器人的方法，移动工具上的参考点，以 4 种以上不同的机器人姿态尽可能地与固定点刚好碰上。为了获得更准确的 TCP，在以下的例子中使用六点法进行操作，第四点是用工具的参考点垂直于固定点，第五点是工具参考点从固定点向将要设定为 TCP 的 X 方向移动，第六点是工具参考点从固定点向设定为 TCP 的 Z 方向移动。

4）机器人通过这四个位置点的位置数据计算求得 TCP 的数据，然后 TCP 的数据就保存在 tooldata 这个程序数据中，被程序调用。

下面利用工作站文件"operation. rsstn"介绍建立一个新的工具数据 tool1 的操作方法，"operation_1. rspag"是建立了工具坐标后的工作站文件。

打开虚拟示教器后，设置手动方式，进入主界面，选择"手动操纵"，如图 4-30 所示，选择"工具坐标"，进入后单击"新建"生成 tool1，进入如图 4-31 所示的设定对话框，对工具数据属性进行设定后，单击"确定"。

选中图 4-32 中新建的 tool1 后，单击"编辑"下拉按钮，在下拉菜单中选择"定义"选项，在图 4-33 所示的坐标定义对话框中，选择坐标定义方法，在"方法"下拉列表框中

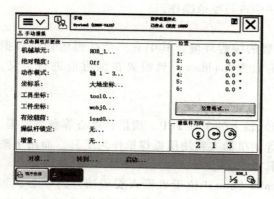

图 4-30　手动操纵界面

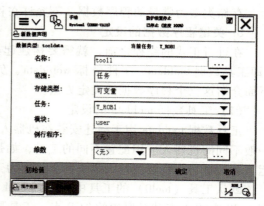

图 4-31　新建工具数据

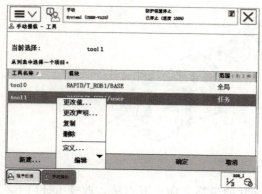

图 4-32　工具坐标定义

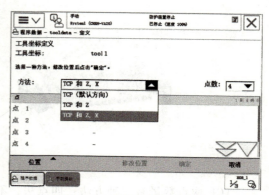

图 4-33　坐标定义方法选择

选择"TCP 和 Z，X"选项，使用六点法设定 TCP。

　　选择工作站中的一个固定点，本例以图 4-34 中工件上的顶点 A 为固定点。选择合适的手动操纵模式，按下使能键，使用摇杆使工具参考点靠上固定点，作为第一点，然后单击"修改位置"，将点 1 位置记录下来。

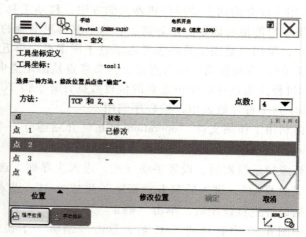

图 4-34　工具坐标点 1 的设置

下面可以左右改变姿态，再分别靠上固定点，确定后单击"修改位置"，将点 2、点 3 位置记录下来，如图 4-35 所示。

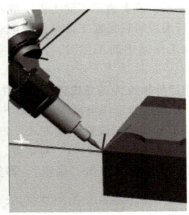

图 4-35　工具坐标点 2 和点 3 的设置

　　而点 4 的位置必须将工具参考点垂直靠上固定点，再把点 4 位置记录下来，如图 4-36 所示。工具参考点以点 4 的垂直姿态从固定点移动到工具 TCP 的 +X 方向，单击"修改位置"将延伸器点 x 位置记录下来，如图 4-37 所示。再将工具参考点以点 4 垂直姿态从固定点移动到工具 TCP 的 +Z 方向，单击"修改位置"将延伸器点 z 位置记录下来，如图 4-38 所示。

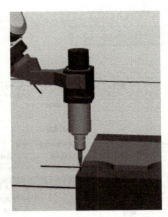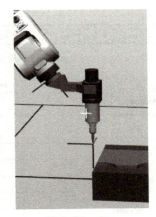

图 4-36　点 4　　　　　　　图 4-37　点 x　　　　　　　图 4-38　点 z

　　六个点设定完成并确认后，会弹出计算窗口，对误差进行确认，当然是误差越小越好，但也要以实际验证效果为准。返回工具坐标界面，选中新建的 tool1，然后在"编辑"下拉菜单中选择"更改值"选项，在此界面中显示的内容都是 TCP 定义生成的数据，根据实际情况设定工具的质量"mass"（单位为 kg，见图 4-39）和中心位置数据（此重心是基于 tool0 的偏移值，单位为 mm），然后单击"确定"。

　　使用摇杆将工具参考点靠上固定点，然后在重定位模式下手动操纵机器人，如果 TCP 设定精确，则可以看到工具参考点与固定点始终保持接触，而机器人会根据重定位操作改变姿态。

（2）工件坐标 wobjdata 的设定

工件坐标对应工件，它定义工件相对于大地坐标（或其他坐标）的位置。机器人可以拥有若干工件坐标系，或者表示不同工件，或者表示同一工件在不同位置的若干副本。

对机器人进行编程时就是在工件坐标中创建目标和路径，这带来很多优点：

1）重新定位工作站中的工件时，只需要更改工件坐标的位置，所有路径将即刻随之更新。

2）允许操作以外轴或传送导轨移动的工件，因为整个工件可连同其路径一起移动。

设立如图 4-40 所示的工件坐标，过程如下：

1）打开虚拟示教器后，设置手动方式，进入手动操纵界面，选择"工件坐标"，进入后单击"新建"，进入"新数据声明"对话框，对工件数据属性进行设定（工件坐标名默认为 wobj1），如图 4-41 所示，单击"确定"，即完成工件坐标的新建。

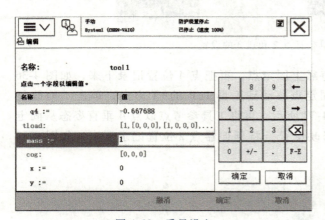

图 4-39　质量设定

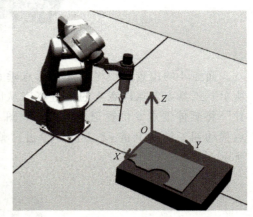

图 4-40　工件坐标

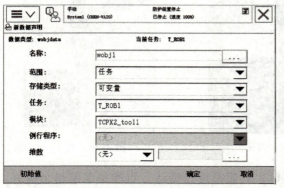

图 4-41　工件坐标声明

图 4-42　工件坐标对话框

2）在"手动操纵-工件"对话框中，选中"wobj1"工件坐标，单击"编辑"下拉按钮，在下拉菜单中选择"定义"选项，如图 4-42 所示。进入如图 4-43 所示的工件坐标定义对话框，在"用户方法"下拉列表框中选择"3 点"选项，然后手动操作机器人依次移至图 4-44 所示的 $X1$、$X2$、$Y1$ 三个位置，每移动到一个位置后，在图 4-43 中单击"修改位置"进行记录。设置完成后，单击"确定"，工件坐标 wobj1 即设置完成。

图 4-43　工件坐标定义对话框

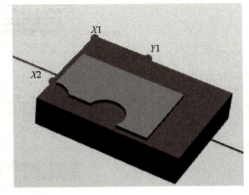

图 4-44　3 点位置

（3）负荷数据 loaddata 的设定

对应搬运应用的机器人，应该正确设定夹具的质量和重心数据 tooldata 以及搬运对象的质量和重心数据 loaddata。

RAPID程序的创建

要使工业机器人动起来，必须给机器人一系列的指令，让它按照指令来进行运动。ABB 机器人通过编写 RAPID 程序来实现对机器人的控制。RAPID 指令包含可以移动机器人、设置输出、读取输入，还能实现决策、重复其他指令、构造程序、与系统操作员交流等功能。

RAPID 程序的框架结构见表 4-4、如图 4-45 所示。

表 4-4　RAPID 程序的框架结构

RAPID 程序			
程序模块 1	程序模块 2	程序模块 3	程序模块 4
程序数据	程序数据	…	程序数据
主程序 main	例行程序	…	例行程序
例行程序	中断程序	…	中断程序
中断程序	功能	…	功能
功能		…	

RAPID 程序的架构说明：

1）RAPID 程序是由程序模块和系统模块组成的。一般地，只通过新建程序模块来构建机器人的程序，而系统模块多用于系统方面的控制。

2）可以根据不同的用途创建多个程序模块，如专门用于主控制的程序模块，用于位置计算的程序模块，用于存放数据的程序模块，这样便于归类管理不同用途的例行程序与数据。

3）每一个程序模块包含了程序数据、例行程序、中断程序和功能四种对象，但不一定在一个模块中都有这四种对象，程序模块之间的数据、例行程序、中断程序和功能是可以相互调用的。

4）在 RAPID 程序中，只有一个主程序 main，并且存在于任意一个程序模块中，是整个 RAPID 程序执行的起点。

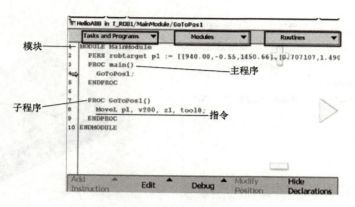

图 4-45　RAPID 程序的框架结构

下面在"operation_ P. rspag"打包文件基础上，编写一段简单的程序，要求机器人依次从 p0 直线移动至 p1，圆弧移动至 p2，直线移动至 p3，圆弧移动至 p4，操作过程如下。

在 ABB 主界面中，选择"程序编辑器"，弹出新建程序对话框，如图 4-46 所示。单击"取消"按钮，然后在图 4-47 所示的对话框中，依次选择"文件"→"新建模块"选项，弹出如图 4-48 所示的新建模块对话框。

单击"新建"按钮，然后在 4-49 所示的对话框中，给新模块命名，默认为 Module。单

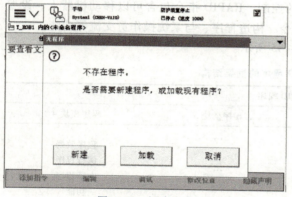

图 4-46　新建程序

图 4-47　选择新建模块

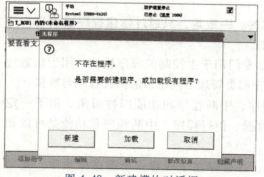

图 4-48　新建模块对话框

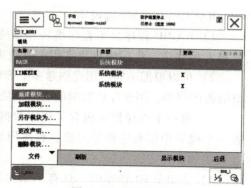

图 4-49　新模块命名

击"确认"后，Module1 模块新建完成，如图 4-50 所示。选中并单击 Module1 模块，出现如图 4-51 所示的模块内容对话框。

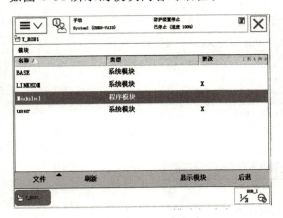

图 4-50　模块新建完成

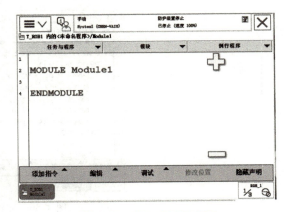

图 4-51　模块内容对话框

在图 4-51 中单击例行程序后，在图 4-52 中依次选择"文件"→"新建例行程序"选项。在图 4-53 中，给新程序命名，主程序为"main"，模块中必须有主程序。

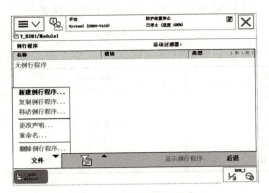

图 4-52　新建例行程序

图 4-53　例行程序声明

选中图 4-54 中的 main 程序并单击，即出现如图 4-55 所示的程序编辑对话框。

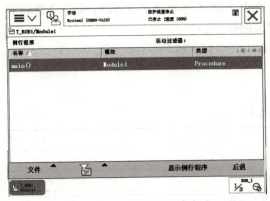

图 4-54　main 程序新建完成

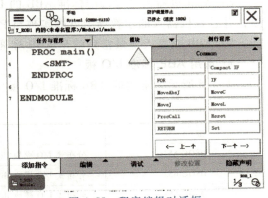

图 4-55　程序编辑对话框

通过添加指令，添加如图 4-56 所示的程序，即完成编程。其中，p12 和 p34 两个数据分别是两段圆弧上的中间点，读者可自行添加并示教。

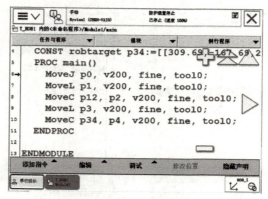

图 4-56　完整的程序内容

程序编写完成后，运行效果如"operation_ M.exe"文件所示。

【I/O信号设置】

ABB 机器人提供了丰富的外部 I/O 通信接口，可以轻松地实现机器人与周边设备进行通信连接，方式见表 4-5。

表 4-5　外部 I/O 信号方式

个人计算机	现场总线	ABB 标准
RS 232 通信 OPC Server Socker Message	Device Net Profibus Profibus-DP Profinet EtherNet IP	标准 I/O 板 PLC

关于 ABB 机器人外部 I/O 通信接口的说明：

1）ABB 的标准 I/O 板提供的常用信号处理有数字输入 di、数字输出 do、模拟输入 ai、模拟输出 ao，以及输送链跟踪。

2）ABB 机器人可以选配标准 ABB 的 PLC，省去了原来与外部 PLC 进行通信设置的麻烦，并且在机器人的示教器上就能实现与 PLC 相关的操作。

3）ABB 机器人上最常用的是 ABB 标准 I/O 板 DSQC 651 和 Profibus-DP。

1. 常用 ABB 标准 I/O 板

表 4-6 所示为常用的 ABB 标准 I/O 板。

表 4-6　ABB 标准 I/O 板

型　号	说　　明
DSQC 651	分布式 I/O 模块 di8/do8 ao2
DSQC 652	分布式 I/O 模块 di16/do16
DSQC 653	分布式 I/O 模块 di8/do8(带继电器)

（续）

型　号	说　明
DSQC 355A	分布式 I/O 模块 ai4/ao4
DSQC 377A	输送链跟踪单元

ABB 标准 I/O 板 DSQC 651 是最为常用的模块，可以创建数字输入信号 di、数字输出信号 do、组输入信号 gi、组输出信号 go 和模拟输出信号 ao。

DSQC 651 板主要提供八个数字输入信号、八个数字输出信号和两个模拟输出信号的处理，如图 4-57 所示，X1、X3、X5、X6 端子的使用定义和地址分配见表 4-7~表 4-10。

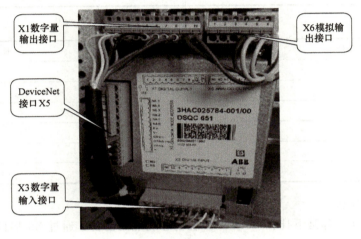

图 4-57　DSQC 651

表 4-7　X1 端子说明

X1 端子编号	使用定义	地址分配
1	OUTPUT CH1	32
2	OUTPUT CH2	33
3	OUTPUT CH3	34
4	OUTPUT CH4	35
5	OUTPUT CH5	36
6	OUTPUT CH6	37
7	OUTPUT CH7	38
8	OUTPUT CH8	39
9	0V	—
10	24V	—

表 4-8　X3 端子说明

X3 端子编号	使用定义	地址分配
1	INPUT CH1	0
2	INPUT CH2	1
3	INPUT CH3	2
4	INPUT CH4	3
5	INPUT CH5	4
6	INPUT CH6	5
7	INPUT CH7	6
8	INPUT CH8	7
9	0V	—
10	24V	—

2. 外部 I/O 信号控制机器人

在前面已编好程序的基础上，给机器人一个外部启动信号，按下启动按钮，机器人即开始运行。

表 4-9　X5 端子说明

X5 端子编号	使用定义	X5 端子编号	使用定义
1	OV BLACK(黑色)	7	模块 ID bit0(LSB)
2	CAN 信号线 low BLUE(蓝色)	8	模块 ID bit1(LSB)
3	屏蔽线	9	模块 ID bit2(LSB)
4	CAN 信号线 high WHITE(白色)	10	模块 ID bit3(LSB)
5	24V RED(红色)	11	模块 ID bit4(LSB)
6	GND 地址选择公共端	12	模块 ID bit5(LSB)

表 4-10　X6 端子说明

X6 端子编号	使用定义	地址分配
1	未使用	
2	未使用	
3	未使用	
4	0V	
5	模拟输出 ao1	0~15
6	模拟输出 ao2	16~31

（1）配置 I/O 板

ABB 标准 I/O 板都是下挂在 DeviceNet 现场总线下的设备，通过 X5 端口与 DeviceNet 现场总线进行通信。

选择 DSQC 651 板进行通信。进入主菜单，单击"控制面板"后，单击"配置"，如图 4-58 所示。选择"DeviceNet Device"，如图 4-59 所示，单击进入后，可以编辑、新增或删除变量。

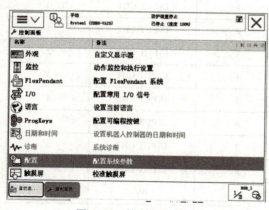

图 4-58　控制面板界面

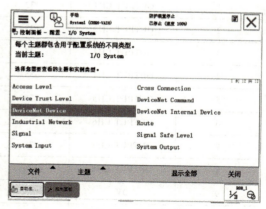

图 4-59　配置界面

在图 4-60 所示的界面中，单击"添加"，在图 4-61 所示的界面中修改 d651 通信板的参数，参数见表 4-11。

按照表 4-11 逐一进行参数设置，完成后如图 4-62 所示。

图 4-60　添加 DeviceNet Device

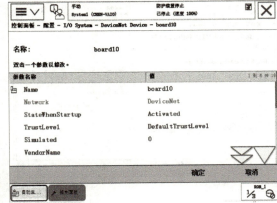

图 4-61　设置参数界面

表 4-11　参数列表

参　　数	设　置　值	说　　明
Name	board10	I/O 板名称
Device Type	651	I/O 板类型
Address	10	设置地址

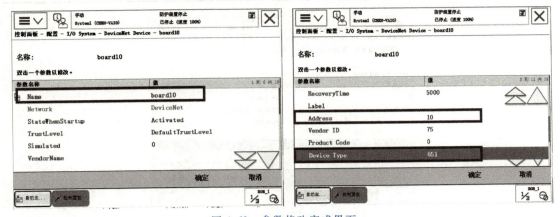

图 4-62　参数修改完成界面

在热启动控制器之前，I/O 变量的更改不会生效，需要重新启动控制。

（2）配置 I/O 信号

单击"配置"添加 I/O，选择"Signal"类型，如图 4-63 所示，单击进入图 4-64 所示的界面，在此可以编辑、新增或删除变量。

双击上图中某一个参数可对该参数进行设定、修改等操作，以新增一个 di_ start 信号为例，设定内容见表 4-12，设定完成后如图 4-65 所示，最后单击"确定"，选择重新启动，设置才能生效。

在本项目任务三的程序中增加一个信号 di_ start，作为启动信号。编辑插入"WaitDI"指令，如图 4-66 所示，WaitDI 指令代表等待一个数字输入信号的指定状态，值为"1"时为有效，即启动。插入完成后如图 4-67 所示。

图 4-63　选择"Signal"类型

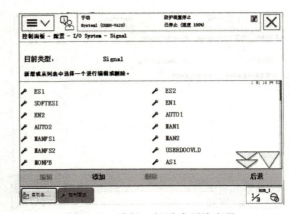

图 4-64　编辑、新增或删除变量

表 4-12　di_start 变量参数

参　　数	设　置　值	说　　明
Name	di_start	信号名称
Type of Signal	Digital Input	信号类型
Assigned to Device	board10	信号所在 I/O 模块
Device Mapping	0	信号所占用的地址

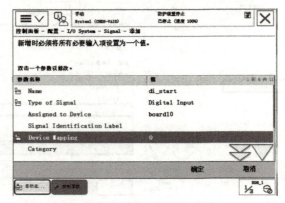

图 4-65　di_start 变量设定参数

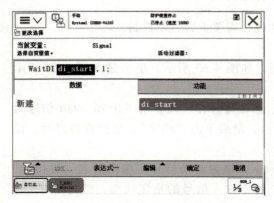

图 4-66　编辑插入"WaitDI"指令

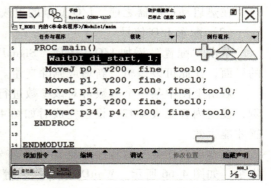

图 4-67　插入"WaitDI"完成

插入指令编程完成后，进行信号模拟，进入"仿真"选项卡，如图4-68所示，单击打开"I/O仿真器"，如图4-69所示，选择"电路板"为"board10"，"I/O范围"为"0-15"，出现数字输入信号"di_ start"，单击▣，即可模拟改变信号，作为启动信号开始运行程序。

图4-68　"仿真"选项卡

图4-69　I/O仿真器

系统参数配置

系统参数用于定义系统配置并在出厂时根据客户的需要进行定义。可使用FlexPendant或RobotStudio Online编辑系统参数。下面介绍如何查看系统参数配置。

进入示教单元主界面，单击"控制面板"后，单击"配置"，显示选定主题的可用类型列表，单击"主题"下拉按钮。

主题包括"Controller""Communication""I/O System""Man-machine communication""Motion""PROC（安装弧焊软件包的情况下）"，如图4-70所示。其中，常用的信号配置有I/O中的Signal、Signal Input和Signal Output。I/O System主题内容如图4-71所示。

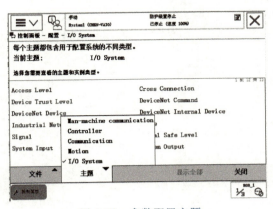

图4-70　参数配置主题

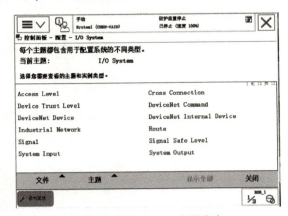

图4-71　I/O System主题内容

图4-72所示说明：在Signal中进行变量与板卡接口的映射配置；在System Input和System Output中进行IRC 5中的变量与板卡接口定义的变量之间的映射配置（这些同样可以在EIO文件中完成配置）；在PROC中进行弧焊软件包中的变量与板卡变量之间的映射配置（这些同样可以在PROC中完成配置）。

其中，虚拟变量可以和真实变量一样，在一起进行定义配置，这些变量以字母"v"开头，如 vdoGas。

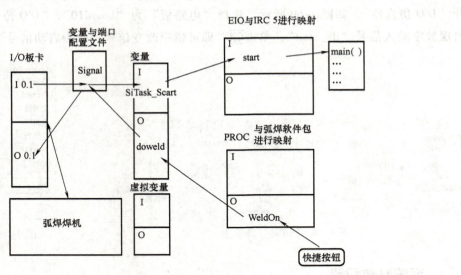

图 4-72　机器人输入/输出信号流程

第三篇

YL-399工业机器人实训
装备基础应用（应用篇）

任务五　基础工作站安装与调试

任务描述

　　本工作站作为基础工作站，利用 IRB 120 搭载焊枪配合基础学习实训套件，实现简单轨迹、圆形轨迹、矩形轨迹等各种形状平面及空间轨迹的绘制。本工作站中还通过 RobotStudio 软件预置了动作效果，接着在此基础上实现程序数据创建、程序编写及调试、目标点示教，最终完成整个基础工作站的轨迹编制训练。通过本章学习，掌握工业机器人工作站轨迹程序的编写技巧。基础工作站布局如图 5-1 所示。

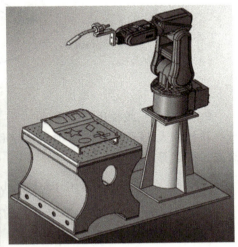

图 5-1　基础工作站布局

　　根据模型轨迹实现的程序编制广泛应用于焊接生产、激光切割、异型物品装配等生产应用中。采用工业机器人实现的轨迹跟随系统可大大节省生产夹具安装元件，大幅度提高生产效率，节省劳动力，增强非标元件加工的适应性。

工作站介绍

基础工作站套件采用铝材加工而成，表面阳极氧化处理，包含轨迹示教板和描图夹具等。轨迹训练模型由铝材加工而成，表面阳极氧化处理，可在平面、曲面上蚀刻不同图形规则的图案（平行四边形、五角星、椭圆、风车图案、凹字形图案等），且该模型左前方配有 TCP 示教辅助装置，可通过焊枪夹具描绘图形，训练对机器人基本的点示教，平面直线、曲线运动/曲面直线、曲线运动的轨迹示教。还可以通过 TCP 辅助示教装置训练机器人的工具坐标建立。

学习目标

1）基本指令 MoveJ、MoveL 、MoveC 的应用。
2）焊枪工具坐标的创建。
3）轨迹运行程序的编写。
4）基础工作站调试。

知识准备

1. MoveJ：关节运动指令

将机器人 TCP 快速移动至给定目标点，运行轨迹不一定是直线。例如：

> MoveJ p20,v1000,z50,tool1\Wobj：=wobj1；

如图 5-2 所示，机器人 TCP 从当前位置 p10 处运动至 p20 处，运动轨迹不一定为直线。

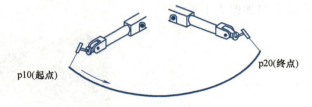

图 5-2 关节运动指令

2. MoveL：线性运动指令

将机器人 TCP 沿直线运动至给定目标点，适用于对路径精度要求高的场合，如切割、涂胶、搬运等。例如：

> MoveL p20,v1000,z10,tool1\Wobj：=wobj1；

如图 5-3 所示，机器人 TCP 从当前位置 p10 处运动至 p20 处，运动轨迹为直线。

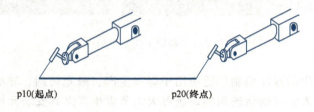

图 5-3 线性运动指令

3. MoveC：圆弧运动指令

将机器人 TCP 沿圆弧运动至给定目标点。例如：

> MoveC p20,p30,v1000,z50,tool1\Wobj：=wobj1；

如图 5-4 所示，机器人以当前位置 p10 作为圆弧的起点，p20 是圆弧上的一点，p30 作为圆弧的终点。

4. Offs：偏移功能

以选定的目标点为基准，沿着选定工件坐标系的 X、Y、Z 轴方向偏移一定的距离。例如：

> MoveL Offs(p10,0,0,10),v1000,
> z50,tool0\Wobj：=wobj1；

将机器人 TCP 移动至以 p10 为基准点，沿着 wobj1 的 Z 轴正方向偏移 10mm 的位置。

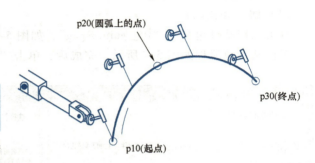

图 5-4　圆弧运动指令

5. 注释行"!"

在语句前面加上"!"，则整个语句作为注释行，不被程序执行。例如：

> MoveAbsJ jpos10\NoEOffs,v1000,fine,tool1；
> ! 机器人位置复位,回至关节原点 jpos10

任务实施

1. 工作站硬件配置

（1）安装工作站套件准备

1）打开模块存放柜，找到基础学习套件（即轨迹示教单元），采用内六角扳手拆卸基础学习套件，如图 5-5 所示。

2）把基础学习套件放至工装夹具装配台桌面，并选择焊枪夹具、焊枪夹具与机器人的连接法兰、安装螺钉（若干）。

3）选择合适型号的内六角扳手把轨迹示教板从套件托盘上拆除。

（2）工作站安装

1）选择合适的螺钉，把基础学习套件安装至机器人操作对象承载平台的合理位置（可任意选择安装位置和方向）。

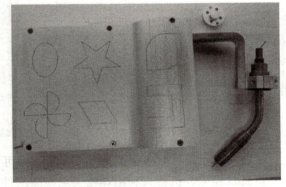

图 5-5　基础学习套件

2）焊枪夹具安装：首先把焊枪夹具与机器人的连接法兰安装至机器人六轴法兰盘上，然后再把焊枪夹具安装至连接法兰上。

（3）工艺要求

1）在进行描图轨迹示教时，焊枪姿态尽量垂直于工件表面。

2）机器人运行轨迹要求平缓流畅。

3）焊丝与图案边缘距离 0.5~1mm、尽量靠近工件图案边缘，且不能与工件接触或刮伤工件表面。

05_guiji.rspag

图 5-6　工作站打包文件

2. 工作站仿真系统配置

（1）解压并初始化

双击工作站打包文件 "05_ guiji. rspag"，如图 5-6 所示。

工作站解包流程如图 5-7 所示，完成后，单击"完成"按钮即可。

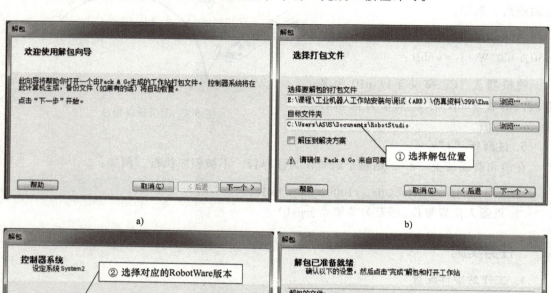

图 5-7　工作站解包流程

进行仿真运行，其界面如图 5-8 所示，即可查看该工业机器人工作站的运行情况。

仿真过程中，机器人利用焊枪尖点跟随工件上的图形轨迹实现立体和平面的轨迹运动。

接下来初始化机器人，将机器人恢复为出厂设置。然后，在此工作站基础上依次完成 I/O 配置、创建工具数据、创建工件坐标系数据、创建载荷数据、程序模板导入、示教目标点等操作，最终将机器人工作站复原至之前可正常运行的状态。

在初始化之前，先做好机器人系统的备份，在"示教器"→"备份与恢复"→"备份当前系统"中可进行备份，如图 5-9~图 5-11 所示。备份名称建议不要使用中文字符。

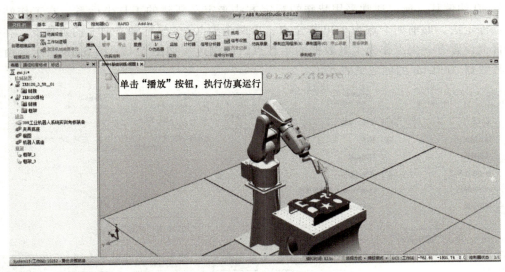

图 5-8　轨迹工作站仿真运行

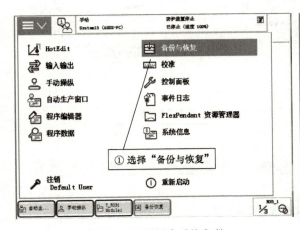

图 5-9　选择创建系统备份

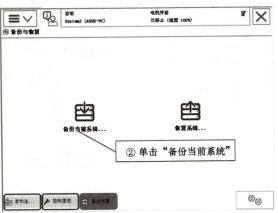

图 5-10　创建系统备份

完成备份后，在示教器首页选择"重新启动"→"高级"→"重置系统 I 启动"→"重置系统"后等待机器人重新启动，完成机器人的初始化操作，如图 5-12 所示。

（2）标准 I/O 板配置

本工作站中，利用焊枪—焊丝实现基本轨迹线的模拟运行，与外部机构操作没有相关联，因此没有用到 I/O 扩展板。

（3）创建工具数据

在本工作站应用中，机器人所使用的焊枪工具为不规则形状，这样的工具很难通过测量的方法计算出工具尖点相对于初始工

图 5-11　给备份命名

坐标 tool0 的偏移，所以通常采用特殊的标定方法来定义新建的工具坐标系。本工作站中使用六点标定法，即前四个点为 TCP 标定点，后两个为 X、Z 坐标轴方向上的延伸点。在轨迹工件台上设置有一尖点作为工具数据的示教点，示例过程如图 5-13～图 5-18 所示，由此完成工具数据 NewGun 的创建见表 5-1。

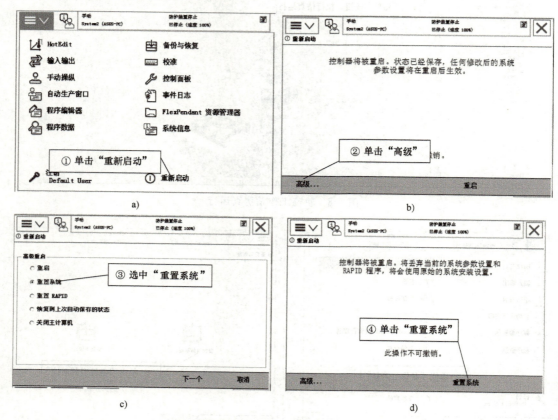

图 5-12　初始化系统 I 启动操作

图 5-13　点 1 的设定位置

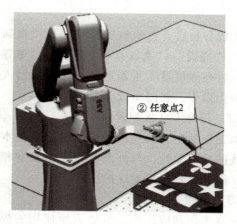

图 5-14　点 2 的设定位置

依次完成上述目的点示教，即可生成新的工具坐标系。

最终，在示教器中自动生成工具数据 NewGun，见表 5-1。

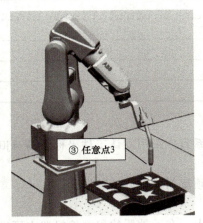

图 5-15　点 3 的设定位置

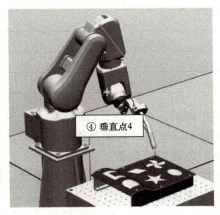

图 5-16　点 4 的设定位置

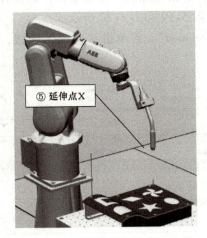

图 5-17　延伸器点 X 的设定位置

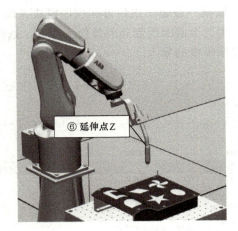

图 5-18　延伸器点 Z 的设定位置

表 5-1　示教后自动生成工具数据 NewGun

参数名称	参数数值
NewGun	TRUE
trans	
X	−57.575
Y	0
Z	316.479
rot	
q1	0.971918
q2	0
q3	0.23532
q4	0
mass	1

（续）

参数名称	参数数值
cog	
X	0
Y	0
Z	1

（4）创建工件坐标系数据

在本工作站中，只涉及轨迹的运动，其参考坐标系直接采用默认工件坐标系 Wobj0。

（5）创建载荷数据

在本工作站中，只涉及轨迹的运动，焊枪较轻无须重新设定载荷数据。

（6）程序模板导入

完成以上步骤后，将程序模板导入该机器人系统中，在示教器的程序编辑器中可进行程序模块的加载，依次单击"ABB 菜单"→"程序编辑器"，若出现加载程序提示框，则暂时单击"取消"按钮，之后可在程序模块界面进行加载，如图 5-19 和图 5-20 所示。

浏览至前面所创建的备份文件夹，选择"MainModule.mod"，再单击"确定"按钮，完成程序模板的导入。

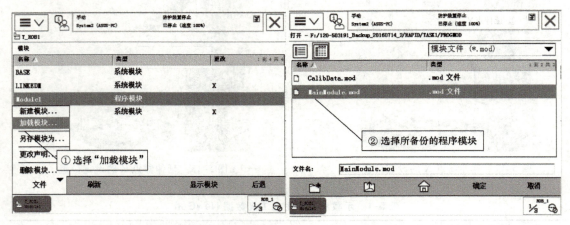

图 5-19 进入加载程序模块界面　　　　　图 5-20 加载程序模块

3. 程序编写与调试

（1）工艺要求

1）在进行描图轨迹示教时，焊枪姿态尽量垂直于工件表面。

2）机器人运行轨迹要求平缓流畅。

3）焊丝与图案边缘距离 0.5~1mm、尽量靠近工件图案边缘，且不能与工件接触或刮伤工件表面。

（2）程序编写

本基础工作站共有 6 个图案轨迹需要描图，涉及的目标点较多，可将每个图案的轨迹作为一个子程序，该子程序中包含本图案的目标点程序。在主程序中调用不同图案的子程序即可实现描图轨迹。程序中还建立了一个初始化子程序，用于程序的初始化，本项目中无需外接的 I/O，比较简单，因此初始化时，机器人回到初始点即可。

采用主程序、子程序的方法可使程序结构清晰，且利于查看和修改。具体的子程序和对应的功能见表 5-2。

表 5-2　图案子程序

序号	子程序	对应图案
1	rIntiAll	初始化
2	Path_20	描图立体型 U 形槽
3	Path_30	描图立体型半圆槽
4	Path_40	描图四边形槽
5	Path_50	描图五角星槽
6	Path_60	描图枫叶槽
7	Path_70	描图圆形槽

主程序如下所示：

```
PROC main( )
! 主程序
        rIntiAll；
! 调用初始化程序,用于复位机器人位置、信号、数据等
     WHILE TRUE DO
! 利用 WHILE TRUE DO 死循环,目的是将初始化程序与机器人反复运动程序隔离
        Path_20；
! 走立体型 U 形槽轨迹
        Path_30；
! 走立体型半圆槽轨迹
        Path_40；
! 走四边形槽轨迹
        Path_50；
! 走五角星槽轨迹
        Path_60；
! 走枫叶槽轨迹
        Path_70；
! 走圆形槽轨迹
      WaitTime 10；
! 等待 10s 的时间
      ENDWHILE
      ENDPROC
```

下面以四边形槽为例，说明子程序的编写，描图四边形槽时，机器人四边形槽第 1 个位置点正上方，然后依次移至四边形槽第 1 个位置点、第 2 个位置点、第 3 个位置点、第 4 个位置点、第 5 个位置点及第 5 个位置点上方。四边形槽子程序如下所示：

```
PROC Path_40( )
! 四边形槽轨迹程序
        MoveL offs（Target_250,0,0,50）,v400,fine,NewGun\WObj:=wobj0;
! 利用直线运行指令运行至四边形槽第 1 个位置点正上方
        MoveL Target_250,v50,fine,NewGun\WObj:=wobj0;
! 利用直线运行指令运行至四边形槽第 1 个位置点,以下同上论述
        MoveL Target_260,v50,fine,NewGun\WObj:=wobj0;
        MoveL Target_270,v50,fine,NewGun\WObj:=wobj0;
        MoveL Target_280,v50,fine,NewGun\WObj:=wobj0;
        MoveL Target_290,v50,fine,NewGun\WObj:=wobj0;
        MoveL offs（Target_290,0,0,50）,v50,fine,NewGun\WObj:=wobj0;
ENDPROC
```

4. 示教目标点

在完成坐标系标定后，需要示教基准目标点。在此工作站中，需要对 U 形槽、半圆槽、四边形槽、五角星槽、枫叶形槽、圆形槽等轨迹进行相关点的示教工作，因此总的示教的点数较多。本工作站不设置专门用于示教基准目标点的程序，直接利用主程序进行相关点的示教，此处以 U 形槽相关点的示教进行演示，其他图形参照此进行示教。其示教手动过程如图 5-21～图 5-24 所示。

示教目标点时，需要注意手动操作画面当前使用的工具和工件坐标系要与指令里面的参考工具和工件坐标系保持一致，否则会出现"选择的工具、工件错误"等警告。

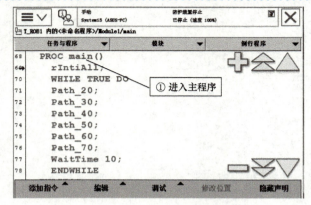

图 5-21　调用主程序进行目标点示教

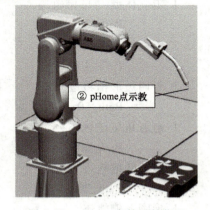

图 5-22　pHome 点的示教位置

移动焊枪到 Target_10 位置，调整好姿态后选择"修改位置"即可将当前位置保存到 Target_10 数据中。

同理完成其他各点的示教任务，完成基准点示教后，将工作站复位，单击仿真播放按钮，查看工作站运行状态是否正常，若正常则保存该工作站。

图 5-23　手动操作调整好位姿

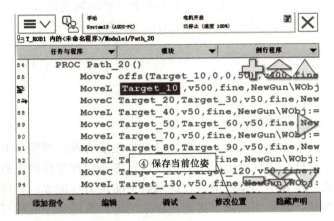

图 5-24　确认当前示教位置

【知识拓展】

1. RelTool 应用的扩展

RelTool 同样为偏移指令，而且可以设置角度偏移，但其参考的坐标系为工具坐标系。例如：

$$MoveL \ RelTool(p10,0,0,10\backslash Rx:=0\backslash Ry:=0\backslash Rz:=45),V1000,z50,tool1;$$

执行上述代码后，机器人 TCP 移动至以 p10 为基准点，沿着 tool1 坐标系 Z 轴正方向偏移 10mm，且 TCP 沿着 tool1 坐标系 Z 轴旋转 45°。

2. 转弯半径的选取

指令作用：使机器人的运行轨迹更加圆滑，有效提升机器人节拍。

应用举例：

```
MoveJ pPrePick , vEmptyMax , z50 , tGripper;
MoveL pPick , vEmptyMin , fine , tGripper;
Set doGripper;
…;
MoveJ pPrePlace , vLoadMax , z50 , tGripper;
MoveL pPlace , vLoadMin , fine , tGripper;
Reset doGripper;
```

执行结果：TCP 运动至 pPrePick 和 pPrePlace 点时的转弯半径为 50mm。

转弯半径选择 fine 时，机器人将运行至目标位置，该指令常用于其后需要相关工具操作的场合。

思考与练习

1）练习焊枪工具坐标的六点法标定。

2）练习将源程序分解为各个单槽的轨迹运行。

3）总结轨迹程序调试的详细过程。

任务六　搬运工作站安装与调试

任务描述

本工作站以对各种形状的铝件搬运为例，利用 IRB 120 搭载真空吸盘夹具配合搬运工作站套件，实现圆形、正方形、六边形等铝件零件的定点搬运。本工作站中还通过 RobotStudio 软件预置了动作效果，在此基础上实现 I/O 配置、程序数据创建、目标点示教、程序编写及调试，最终完成整个搬运工作站的定点搬运程序的编写。通过本章学习，使大家掌握工业机器人搬运程序的编写技巧。搬运工作站布局如图 6-1 所示。

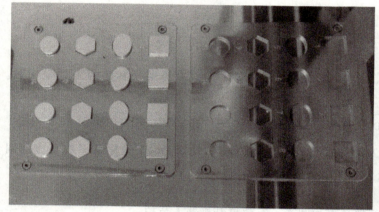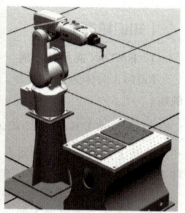

图 6-1　搬运工作站布局

工作站介绍

工作站有两块底板座，均采用不锈钢制造且分别由四组不同形状和编号的工件组成，有圆形、正方形、六边形等。搬运模块由两块图块固定板和多形状物料（正方形、圆形、六边形、椭圆形）组成。机器人通过吸盘夹具依次将一个物料板上摆放好的多种形状物料拾取并搬运到另一个物料板上；可对机器人点对点搬运进行练习，且搬运的物料形状和角度的不同，加大了机器人点到点示教时的角度、姿态等调整难度。可对机器人 OFFS 偏移指令以及机器人重定位姿态进行学习。

学习目标

1）基本指令 Set、Reset、WaitTime 的应用。

2）搬运吸盘工具坐标的创建。

3）搬运运行程序的编写。

4）搬运工作站调试。

知识准备

Set，将数字输出信号置为 1。例如：

> Set　Do1；

将数字输出信号 Do1 置为 1。

Reset，将数字输出信号置为 0。例如：

> Reset　Do1；

将数字输出信号 Do1 置为 0。

WaitTime，等待指定时间秒数。例如：

> WaitTime 0.8；

程序运行到此处暂时停止 0.8s 后继续执行。

任务实施

1. 工作站硬件配置

（1）安装工作站套件准备

1）打开模块存放柜，找到搬运套件，采用内六角扳手拆卸搬运套件。

2）把套件放至钳工桌桌面，并选择对应的吸盘夹具、夹具与机器人的连接法兰、安装螺钉（若干）、真空发生器、十字螺钉旋具。

3）选择合适型号的十字螺钉旋具，把搬运套件从套件托盘上拆除下来。

（2）工作站安装

1）选择合适的螺钉，把搬运套件安装至机器人操作对象承载平台的合理位置（可任意选择安装位置和方向）上。

2）夹具安装：首先把夹具与机器人的连接法兰安装至机器人六轴法兰盘上，然后再把吸盘夹具安装至连接法兰上，如图 6-2 所示。

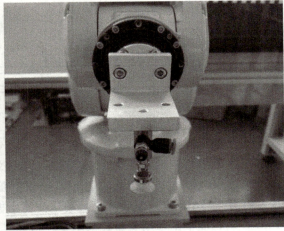

图 6-2　夹具安装

（3）夹具的电路及气路安装

1）把吸盘夹具弹簧气管与机器人四轴集成气路接口连接。

2）把真空发生器、机器人一轴集成气路接口、电磁阀之间用合适的气管连接好，并用扎带固定，如图 6-3 所示。

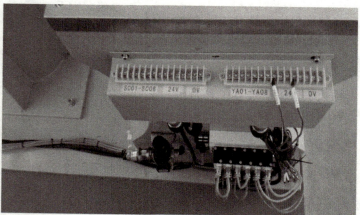

图 6-3　夹具气路安装

3）把电磁阀的电路与集成信号接线端子盒正确连接，如图 6-4 所示。

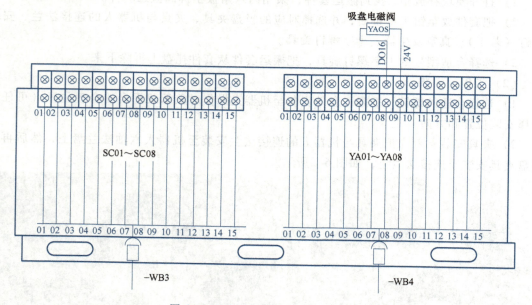

图 6-4　吸盘手抓夹具电磁阀接线图

注：PLC 控制柜内的配线已经完成，接线端子盒 YA08 端子已连接至机器人 I/O 板 DSQC 652 的 DO16 通道。因此，在 PLC 控制柜面板模式选择开关选择"演示模式"时，由机器人输出信号 DO16 控制吸盘夹具动作。而面板模式选择开关选择"实训模式"时，则需在 PLC 控制柜面板上采用安全连线对工作台夹具执行信号 YA08 与机器人输出信号 DO16 进行连接后，机器人输出信号 DO16 才能控制吸盘夹具动作。

（4）工艺要求

1）在进行搬运轨迹示教时，吸盘夹具姿态保持与工件表面平行。

2）机器人运行轨迹要求平缓流畅，放置工件时要求平缓准确。

2. 工作站仿真系统配置

（1）解压并初始化

双击工作站打包文件"06_banyun.rspag"，如图6-5所示。

工作站解包流程参照任务五，完成后，单击"完成"按钮即可。

进行仿真运行，如图6-6所示，即可查看该工业机器人工作站的运行情况。

图 6-5　工作站打包文件

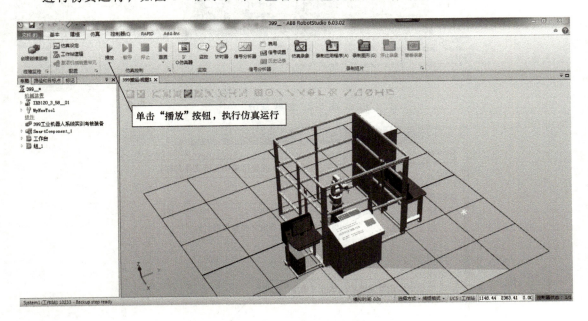

图 6-6　轨迹工作站仿真运行

在仿真过程中，机器人利用真空吸盘将右托盘上的圆形、正方形、六边形等铝件定点搬运到左托盘上，演示采用真空吸盘夹具对不同物料进行点对点的搬运训练。

接下来初始化机器人，将机器人恢复为出厂设置。之后，在此工作站基础上依次完成I/O配置、创建工具数据、创建工件坐标系数据、创建载荷数据、程序模板导入、示教目标点等操作，最终将机器人工作站复原至之前可正常运行的状态。

在初始化之前，先做好机器人系统的备份，本例中演示利用Robotstudio软件来实现机器人系统的备份，在"控制器"菜单中可进行备份，备份过程如图6-7和图6-8所示。

备份名称建议不要用中文字符，此处将原有"备份"改成拼音。完成备份后，在"控制器"菜单中可执行"I-启动"，初始化机器人，等待机器人重新启动，完成机器人初始化操作。完成备份后，在示教器首页选择"重新启动"→"高级"→"重置系统"→"重置系统"后等待机器人重新启动，完成机器人初始化操作，流程参照任务五。

（2）标准I/O板配置

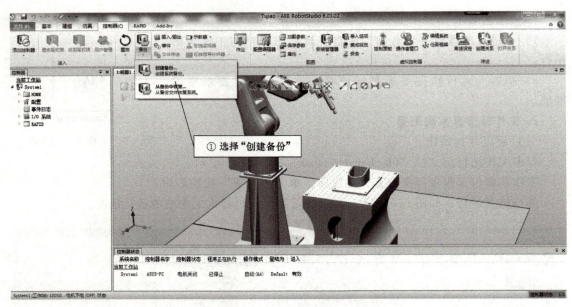

图 6-7　创建备份

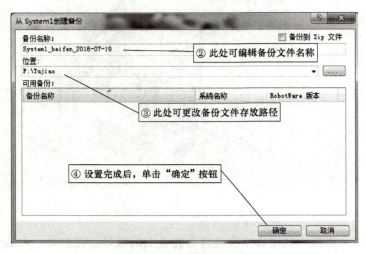

图 6-8　备份路径的设定

　　将控制器界面语言改为中文并将运行模式转换为手动，之后依次单击"ABB 菜单"→"控制面板"→"配置"，进入"I/O 主题"，配置 I/O 信号。本工作站采用标配的 ABB 标准 I/O 板，型号为 DSQC 652（16 个数字输入，16 个数字输出），则需要在 DeviceNet Device 中设置此 I/O 单元的相关参数，并在 Signal 中配置具体的 I/O 信号参数，具体见表 6-1 和表 6-2。

　　在此工作站中，配置了四个数字输出，用于相关动作的控制。

表 6-1　Unit 单元参数

参数名称	设定值	说明
Name	d652	设定 I/O 板在系统中的名字
Device Type	652	设定 I/O 板的类型
Address	10	设定 I/O 板在总线中的地址

表6-2　I/O信号参数

Name	Type of Signal	Assigned to Unit	Unit Mapping	I/O信号注解
DO10_1	Digital Output	d652	0	拾取工件动作
DO10_2	Digital Output	d652	1	释放工件动作
DO10_3	Digital Output	d652	2	搬运启动信号
DO10_4	Digital Output	d652	3	全部搬运完成信号

（3）创建工具数据

此工作站中，工具部件包含吸盘工具。创建工具坐标的一般方法在任务四中已经介绍过，本搬运工作站使用的吸盘工具部件较为规整，可以直接测量出工具中心点（TCP）在tool0坐标系中的数值，然后通过"编辑"下拉菜单下的"更改值"选项来修改吸盘工具坐标的"trans"值来设定，如图6-9所示。

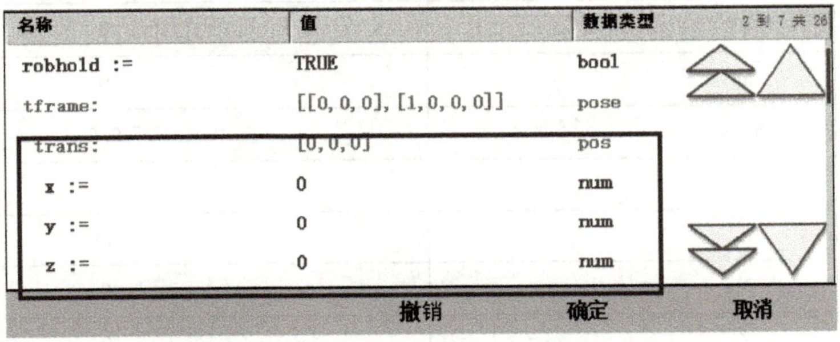

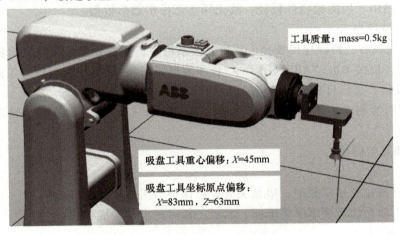

图6-9　修改"trans"值

新建的吸盘工具坐标系只是相对于tool0来说沿着其 Z 轴正方向偏移 63mm，沿着其 X 轴正方向偏移 83mm，新建吸盘工具坐标系的方向沿用 tool0 方向，如图6-10所示。

图6-10　机器人的工具坐标系

在示教器中，编辑工具数据，确认各项数值，具体见表6-3。

（4）创建工件坐标系数据

在本工作站中，因搬运点较少，故此处未设定工件坐标系，而是采用系统默认的初始工件坐标系 Wobj0（此工作站的 Wobj0 与机器人基坐标系重合）。

表 6-3　工具坐标系数据

参数名称	参数数值
tGripper	TRUE
trans	
X	83
Y	0
Z	63
rot	
q1	1
q2	0
q3	0
q4	0
mass	0.5
cog	
X	45
Y	0
Z	0
其余参数均为默认值	

（5）创建载荷数据

在本工作站中，因搬运物件较轻，故无须重新设定载荷数据。

（6）程序模板导入

I/O 配置完成后，将程序模板导入该机器人系统中，在示教器的程序编辑器中可进行程序模块的加载，依次单击"ABB 菜单"→"程序编辑器"，若出现加载程序提示框，则暂时单击"取消"按钮，之后可在程序模块界面中进行加载方法参照任务五。

浏览至前面所创建的备份文件夹，选择"MainModule. mod"，再单击"确定"按钮，完成程序模板的导入。

3. 程序编写与调试

（1）工艺要求

1）在进行搬运轨迹示教时，吸盘夹具姿态保持与工件表面平行。

2）机器人运行轨迹要求平缓流畅，放置工件时要求平缓准确。

（2）程序编写

搬运工作站机器人通过吸盘夹具依次将正方形、圆形、六边形、椭圆形共 16 个物料由一个物料板搬运到另一个物料板上，该工作站的控制流程图如图 6-11 所示。

程序由主程序、初始化子程序、抓取子程序和码放子程序组成，变量 r1、r2、r3、r4 分别用来对四种物料的搬运次数进行计数，同时 r1 兼有计量总数的功能，用于判断 16 个工件搬运是否完成。主程序用于整个流程的控制，程序代码如下所示。

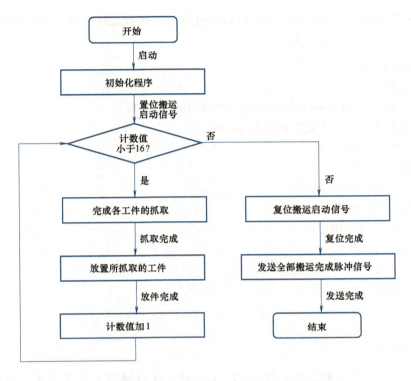

图 6-11　搬运工作站的控制流程图

```
PROC main( )
        chushihua;
! 调用初始化程序,用于复位机器人位置、信号、数据等
        SetDO DO10_3,1;
! 置位搬运启动信号
        WHILE r1 < 16 DO
! 完成正方形、椭圆形、六边形、圆形的点对点搬运
        zhuaqu;
! 调用抓取程序
        mafang;
! 调用码放程序
        r1 := r1 + 1;
! 搬运点计数值加 1
        ENDWHILE
        SetDO DO10_3,0;
! 复位搬运启动信号
        PulseDO\PLength:=1, DO10_4;
! 完成全部搬运脉冲信号
    ENDPROC
```

初始化子程序除了要完成在基础工作站中机器人返回原点的功能，还需要对输出信号及计数变量进行复位，代码如下所示。

```
PROC chushihua( )
! 初始化程序
        MoveAbsJ jpos10\NoEOffs，v1000，fine，tool1；
! 机器人位置复位,回至关节原点 jpos10
        Reset DO10_1；
! 复位输出 DO10_1
        Reset DO10_2；
! 复位输出 DO10_2
        Reset DO10_3；
! 复位输出 DO10_3
        r1 ：= 0；
        r2 ：= 0；
        r3 ：= 0；
        r4 ：= 0；
ENDPROC
```

抓取子程序和码放子程序中，变量 r1、r2、r3、r4 分别用来对正方形、椭圆形、六边形、圆形这四种物料的搬运次数进行计数，r1 兼有计量总数并控制抓取、码放哪种物料的作用，r1 在 0~3 之间抓取、码放正方形物料，在 4~7 之间抓取、码放椭圆形物料、在 8~11 之间抓取、码放六边形物料，在 12~15 之间抓取、码放圆形物料。当 r1 大于 15 时，物料搬运完成。抓取程序（部分）代码如下所示。

```
PROC zhuaqu( )
        IF r1<4 THEN
        ! 计数值小于 4,处于拾取正方形工件区域
        MoveJ p0，v1500，z10，tool1；
        MoveJ Offs( p10，52 * r1,0,0)，v1500，z10，tool1；
        MoveJ Offs( p20，52 * r1,0,0)，v1500，fine，tool1；
        SetDO DO10_1,1；
        ! 置位拾取物料
        WaitTime 1；
        Movel Offs( p30,52 * r1,0,0)，v1500,fine,tool1；
        Reset DO10_1；
        ENDIF
        IF r1<8 and r1>3 THEN
        ! 计数值为 4~7,拾取椭圆形物料
        MoveJ p40,v1500,z10,tool1；
```

```
MoveJ Offs( p50,52 * r2,0,0), v1500, z10, tool1;
MoveJ Offs( p60,52 * r2,0,0), v1500,fine,tool1;
SetDO DO10_1,1;
WaitTime 1;
Movel Offs( p70,52 * r2,0,0), v1500,fine,tool1;
Reset DO10_1;              ENDIF
IF r1<12 and r1>7 THEN
! 拾取六边形物料程序略
IF r1<16 and r1>11 THEN
! 拾取圆形物料程序略
ENDIF
MoveAbsJ jpos10\NoEOffs, v1000, fine, tool1;
! 机器人位置复位,回至关节原点 jpos10
ENDPROC
```

4. 示教目标点

在完成坐标系的标定后，需要示教基准目标点。在此工作站中，因为对正方形、椭圆形、六边形、圆形等工件进行点对点搬运，每种工件的基本搬运点都有两个，所以总的示教的点数较多。本工作站不设置专门用于示教基准目标点的程序，直接利用主程序进行相关点的示教，其示教手动过程如图 6-12～图 6-15 所示。

通过利用手动步进的方式，使机器人依据程序逐条完成相关动作，并通过手动线性及单轴操作实现示教点位置的更改。完成示教基准点后，将工作站复位，单击

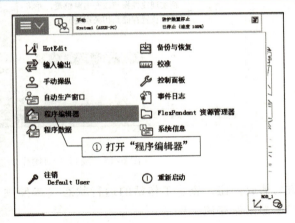

图 6-12　通过"程序编辑器"窗口打开所需调试的程序

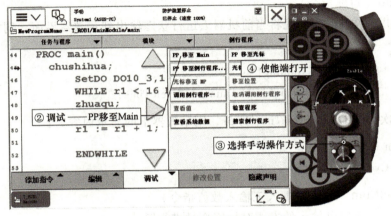

图 6-13　将程序执行点移至目标位置上

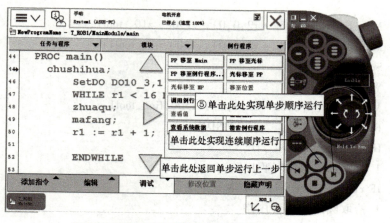

图 6-14 通过播放功能键实现程序的前后执行

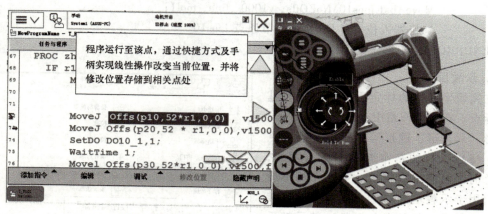

图 6-15 通过手动操作功能实现相关点的修正

仿真播放按钮，查看工作站的运行状态（参照项目五中的操作），查看运行状态是否正常，若正常则保存该工作站。

【知识拓展】

1. TPWrite（写屏指令）

通过写屏指令 TPWrite 实现将当前机器人运行状态输出到示教器界面。例如：

```
TPErase;
TPWrite "The Robot is running!";
TPWrite "The Last CycleTime is :" \num:=nCycleTime;
```

假设上一次循环时间 nCycleTime 为 5s，则示教器上的显示内容为：

```
The Robot is running!
The Last CycleTime is :5s
```

2. TPReadNum（示教器端人工输入数值指令）

指令作用：通过键盘输入的方式对指定变量进行赋值。

应用举例：

> TPReadNum reg1，"how many products should be produced ?"；

执行结果：运行该指令，示教器屏幕上会出现数值输入键盘，假设人工输入 10，则对应的 reg1 被赋值为 10。

3. TPReadFK（屏幕上显示不同选项供用户选择指令）

指令作用：支持最多 5 个选项供用户选择。

应用举例：

> TPReadFK reg1，"More?"，stEmpty，stEmpty，"Yes"，"No"；

执行结果：运行该指令，示教器屏幕上的显示效果如图 6-16 所示。若人工选择"Yes"，则对应 reg1 被赋值为选项的编号"4"；则后续可以根据 reg1 的不同数值执行不同的指令。

4. TPErase（清屏指令）

运行该指令，则示教器屏幕上的显示将全部清空。

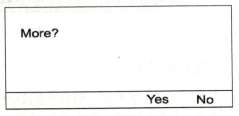

图 6-16　选择指令应用

思考与练习

1）练习搬运常用的 I/O 配置。
2）练习搬运目标点示教的操作。
3）总结搬运程序调试的详细过程。

任务七　机床上下料工作站安装与调试

任务描述

本工作站以机床上下料加工为例，利用 IRB 120 搭载双工位自定心卡盘配合机床上下料工作站套件，实现模拟机床加工上料过程、加工过程、立体库码放过程。本工作站中还通过 RobotStudio 软件预置了动作效果，在此基础上实现 I/O 配置、程序数据创建、目标点示教、程序编写及调试，最终完成整个机床上下料工作站的模拟机床上料、加工、存料程序的编写。通过本任务学习，使读者掌握工业机器人在机床上下料工作站应用的编程技巧。

工作时，落料机构上，推料气缸伸出顶住落料槽上方物料，推料气缸进行伸出，把物料推出落料口。当落料口光电传感器检测到物料后，机器人运动至落料口对工件进行抓取，准备进行模拟机床上料工作。待机器人运动至左侧自定心卡盘后，机器人对 PLC 进行信号反馈，PLC 控制自定心卡盘夹紧，模拟机床加工上料过程，同时落料机构继续供料，机器人再次对工件进行抓取搬运，等待左侧自定心卡盘模拟加工结束后，先进行机床下料操作，再对未加工的工件进行上料操作。同时，把加工完成的工件再搬运至右侧卡盘上进行模拟多工序的机床上下料过程。待加工结束后，机器人把加工完成的工件搬运至立体库进行码放。机床上下料工作站的布局如图 7-1 所示。

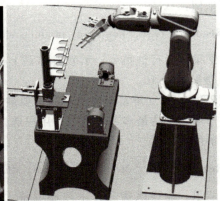

图 7-1　机床上下料工作站布局

工作站介绍

机床上下料工装套件采用铝合金及铝型材构建，由落料机构、检料平台、立体库、模拟机床气动卡盘、机器人双爪夹具等组成。可通过 PLC 程序控制落料机构进行工件毛坯供料。待检测平台下方光电开关检测到有供料工件推出时，机器人手抓移至检料平台对待加工工件进行抓取至模拟机床气动自定心卡盘，进行上下料工作，加工完成后放至立体库，进行零件入库工作。

该套件引入机器人典型的上下料工作任务，可对机器人系统、PLC 控制系统、传感器、气缸等集成控制进行学习，同时该套件采用双爪夹具，在上料的同时进行下料工作，提高了工作效率，保证加工的工作节拍。在机器人方面，可训练机器人的姿态调整；有干涉区的轨迹示教注意事项；工具坐标的建立；机器人编程中的变量、可变量、条件判断、偏移、等指令的学习。

学习目标

1）基本指令 SpeedData、VelSet、AccSet、MoveAbsj 的应用。

2）上下料夹爪工具坐标的创建。

3）机床上下料运行程序的编写。

4）机床上下料工作站的调试。

知识准备

SpeedData：速度数据，例如：

```
PERS speeddata speed1：= [150,2500,5000,1000]；
```

第 1 个参数为 v_ tcp：机器人线性运行速度，单位为 mm/s。

第 2 个参数为 v_ ori：机器人重定位速度，单位为°/s。

第 3 个参数为 v_ leax：外轴线性移动速度，单位为 mm/s。

第 4 个参数为 v_ reax：外轴关节旋转速度，单位为°/s。

在机器人运行过程中，无外轴情况下，速度数据中的前两个参数起作用，并且两者相互制约，保证机器人 TCP 移动至目标位置时，TCP 的姿态也恰好旋转到位，所以在调整速度数据时，需要同时考虑两个参数。每条运动指令中都需要指定速度数据，也可以通过速度指令对整体运行进行速度设置。

VelSet：速度设置指令，例如：

> VelSet 50,1500;

第 1 个参数：速度百分比，针对各运动指令中的速度数据。

第 2 个参数：线速度最高限值，不能超过 2000mm/s。

此条指令执行后，机器人所有的运动指令均会受其影响，直至下一条 VelSet 指令执行。此速度设置与示教器端速度百分比设置相互叠加。例如，示教器端机器人运行速度百分比为 50，VelSet 设置的百分比为 50，则机器人实际运行速度为两者的叠加，即 25%。

AccSet：加速度设置指令，例如：

> AccSet 50,50;

第 1 个参数：加速度最大值百分比。

第 2 个参数：加速度坡度值。

机器人加速度默认为最大值，最大坡度值，通过 AccSet 可以减小加速度。

上述两个参数对加速度的影响可参考图 7-2。

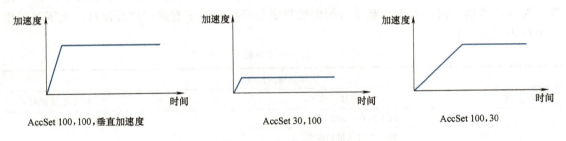

图 7-2　AccSet 的图示说明

MoveAbsj：绝对运动指令，将机器人各关节轴运动至给定位置。例如：

> PERS jointarget jpos10:=[[0,0,0,0,0,0],[9E+09,9E+09,9E+09,9E+09,9E+09,9E+09]];
>
> MoveCp20,p30,v1000,z50,tool1\Wobj:=wobj1;

该指令是将机器人各关节运行至 0°位置。

任务实施

1. 工作站硬件配置

（1）安装工作站套件准备

1）打开模块存放柜找到模拟机床上下料套件，采用内六角扳手拆卸上下料套件。

2）把模拟机床上下料套件放至钳工桌桌面，并选择胶枪夹具、胶枪夹具与机器人的连接法兰、安装螺钉（若干）。

3）选择合适型号的内六角扳手把上下料套件从套件托盘上拆除。

（2）工作站安装

1）选择合适的螺钉，把上下料套件安装至机器人操作对象承载平台的合理位置（安装位置及方向可自由定义）。

2）上下料夹具安装：首先把双爪夹具与机器人的连接法兰安装至机器人六轴法兰盘上，然后再把双爪夹具安装至连接法兰上，如图7-3所示。

（3）工作站执行气缸与夹具的气路安装

1）把双手爪夹具的弹簧气管与机器人四轴集成气路接口连接。

2）把机器人一轴集成气路接口与电磁阀之间用合适的气管连接好，并用扎带固定。

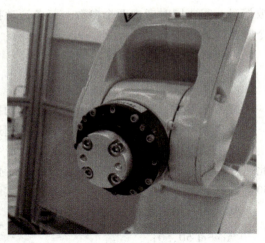

图 7-3　工具安装

3）根据工作站I/O表把工作站中对应的执行气缸的气路，按I/O表符号所示接到对应的电磁阀上，并用扎带固定。

（4）上下料工作站I/O信号电路连接

PLC控制柜内的配线已经完成，更换不同工作站套件时只需根据工作站的I/O信号配置，对处于机器人操作对象承载平台侧面的集成信号接线端子盒进行接线即可。上下料工作站I/O表见表7-1。

表 7-1　上下料工作站 I/O 表

工作站输入信号				
序号	PLC 地址	符号	注释	信号连接设备
1	X07	SC1 顶料气缸后限位	落料机构传感器信号	集成接线端子盒（位于机器人工作台侧面）
2	X10	SC2 推料气缸后限位		
3	X11	SC3 落料检测		
4	X12	SC4 出料位检测		
5	X13	SC5 未使用		
6	X14	SC6 未使用		
7	X15	SC7 未使用		
8	X16	SC8 未使用		
工作站输出信号				
序号	PLC 地址	符号	注释	信号连接设备
1	Y15	YA01 顶料气缸电磁阀	落料机构气缸电磁阀信号	集成接线端子盒（位于机器人工作台侧面）
2	Y16	YA02 推料气缸电磁阀		
3	Y17	YA03 左侧自定心卡盘电磁阀		
4	Y20	YA04 右侧自定心卡盘电磁阀		
5	Y21	YA05（未使用）		
6	Y22	YA06（未使用）		

注：PLC控制柜内的配线已经完成，接线端子盒SC01—SC08对应PLC电控柜内X07～X16、YA01～YA08对应PLC电控内Y15～Y22；YA08端子已连接至机器人I/O板DSQC652的DO16通道，YA07端子已连接至机器人I/O板DSQC 652的DO15通道。

根据上下料工作站 I/O 表，把工作站传感器及电磁阀的电路与集成信号接线端子盒正确连接，如图 7-4 所示。

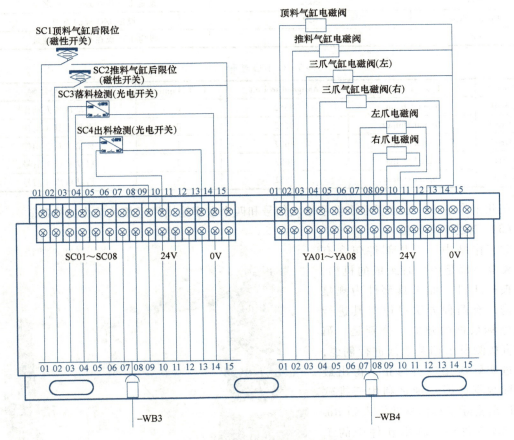

图 7-4　机床上下料工作站接线图

（5）工艺要求

1）在进行搬运时，机器人运行轨迹要求平缓流畅。

2）为提高工作效率，保证加工的工作节拍，机器人配备了双爪夹具，要求在上料的同时能进行下料操作。

3）在搬运过程中，对可能产生干涉的区域，需要进行机器人的姿态调整。

2．工作站仿真系统配置

（1）解压并初始化

任务七~任务十三中工作站解压、初始化及备份过程参考任务五和任务六。

（2）标准 I/O 板配置

将控制器界面语言改为中文并将运行模式转换为手动，然后依次单击"ABB 菜单"→"控制面板"→"配置"，进入"I/O 主题"，配置 I/O 信号。本工作站采用标配的 ABB 标准 I/O 板，型号为 DSQC 652（16 个数字输入，16 个数字输出），则需要在 DeviceNet Device 中设置此 I/O 单元的 Unit 相关参数，并在 Signal 中配置具体的 I/O 信号参数，配置见表 7-2 和表 7-3。

表 7-2　Unit 单元参数

参数名称	设定值	说明
Name	d652	设定 I/O 板在系统中的名字
Device Type	652	设定 I/O 板的类型
Address	10	设定 I/O 板在总线中的地址

表 7-3　I/O 信号参数

Name	Type of Signal	Assigned to Unit	Unit Mapping	I/O 信号注解
di_Start	Digital Input	d652	0	启动机器人动作
do_Grip1	Digital Output	d652	0	夹爪工具 1 动作
do_Grip2	Digital Output	d652	1	夹爪工具 2 动作
do_M1	Digital Output	d652	2	启动机床 1 信号
do_M2	Digital Output	d652	3	启动机床 2 信号

在此工作站中，配置了一个数字输入信号和四个数字输出用于相关动作的控制。

（3）创建工具数据

此工作站中，工具部件包含有两个夹具，都是由气缸组成的机构，用于夹持工件。此工具部件为规整性机构，有两种方法可以对其进行工具坐标数据的建立，分别是：第一种直接测量出相关数据进行创建，并通过实际应用进行修正，得出最终坐标数据；第二种是利用三维软件设计出实际工具模型并导入到 RobotStudio 软件中，利用软件中的工具坐标自动获取。图 7-5 所示为利用软件自动生成工具坐标系。

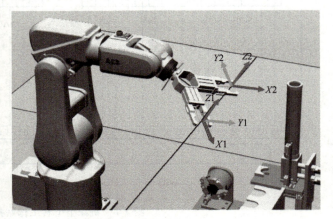

图 7-5　机器人的工具坐标系

其最终工具数据参数及数值见表 7-4。

表 7-4　工具数据参数及数值

参数名称	参数数值	参数名称	参数数值
Gripper_1_1	TRUE	Gripper_2_1	TRUE
trans		trans	
X	-3.342	X	-6.994
Y	-110.149	Y	109.969
Z	154.038	Z	154.038
rot		rot	
q1	0.655618	q1	0.650895
q2	0.276289	q2	-0.264887
q3	-0.650895	q3	-0.655618
q4	-0.264887	q4	0.276289
mass	1	mass	1

（续）

参数名称	参数数值	参数名称	参数数值
cog		cog	
X	0	X	0
Y	0	Y	0
Z	1	Z	1
其余参数均为默认值			

（4）创建工件坐标系数据

在本工作站中，因上下料点较少，故此处未设定工件坐标系，而是采用系统默认的初始工件坐标系 Wobj0（此工作站的 Wobj0 与机器人基坐标系重合）。

（5）创建载荷数据

在本工作站中，因上下料工件和工具夹具较轻，故无须设定载荷数据。

（6）程序模板导入

完成以上步骤后，将程序模板导入该机器人系统中，在示教器的程序编辑器中可进行程序模块的加载，依次单击"ABB菜单"→"程序编辑器"，对程序进行加载流程参考任务五。

浏览至前面所创建的备份文件夹，选择"MainModule.mod"，再单击"确定"按钮，完成程序模板的导入。

3. 程序编写与调试

（1）工艺要求

① 在进行搬运时，机器人运行轨迹要求平缓流畅。

② 在上料的同时能进行下料工作，提高了工作效率，保证加工的工作节拍。

③ 在搬运过程中，对可能产生干涉的区域，需要进行机器人的姿态调整。

（2）程序编写

机床上下料工作站的控制流程图如图7-6所示。程序由1个主程序和9个子程序组成，子程序主要包含初始化、拾取工件1、拾取工件2等。本项目中，初始化部分除了机器人回原位、输出信号复位等常规动作外，还加入了速度设置和加速度设置。另外，由于采用了双手爪，因此设置了 Gripper_1_1 和 Gripper_2_1 共两个工具坐标，在编程过程中，要注意，不要混乱。

主程序如下所示：

```
PROC main( )
rIntiAll;
! 调用初始化程序,用于复位机器人位置、信号、数据等
    WHILE TRUE DO
! WHILE 死循环,目的是将初始化程序与机器人反复运动程序隔离
        Pick;
! 调用拾取工件程序 1
        MoveJ pHome,v500,z100,Gripper_2_1\WObj:=wobj0;
! 重新回到机器人工作原位 pHome
        pick2;
```

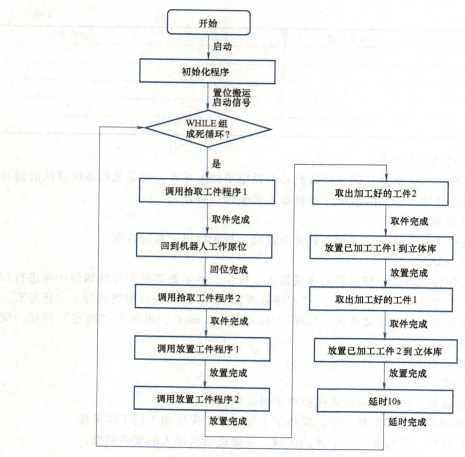

图 7-6　机床上下料工作站的控制流程图

```
！调用拾取工件程序 2
        Place;
！调用放置工件程序 1
        place2;
！调用放置工件程序 2
        Waittime1;
！取出加工好的工件 2
        FZ_system1;
！放置加工好的工件 1 到立体库
        Waittime2;
！取出加工好的工件 1
        FZ_system2;
！放置加工好的工件 2 到立体库
        WaitTime 10;
！等待 10s
```

```
            ENDWHILE
        ENDPROC
```

初始化子程序如下所示：

```
PROC rIntiAll( )
            AccSet 50,100;
    ！加速度设置指令,参照知识准备
            VelSet 50,2000;
    ！速度设置指令,参照知识准备
            WaitTime 0.3;
            MoveJ pHome,v500,z100,Gripper_2_1\WObj：=wobj0;
            Reset do_Grip1;
    ！松开夹爪1
            Reset do_Grip2;
    ！松开夹爪2
            Reset do_M1;
    ！复位机床1运行信号
            Reset do_M2;
    ！复位机床2运行信号
            WaitTime 0.3;
        ENDPROC
```

4. 示教目标点

完成坐标系标定后，需要示教基准目标点。在此工作站中，需要示教原位 pHome、拾取工件点 pPick1、pPick2、pPickOk1、关节点 G1 等。由于示教的点数较多，因此本工作站不设置专门用于示教基准目标点的程序，直接利用主程序进行相关点的示教，这里只对程序中前半部分相关点的示教进行演示，其他示教点参照此方法进行示教。其示教手动过程如图 7-7~图 7-12 所示。

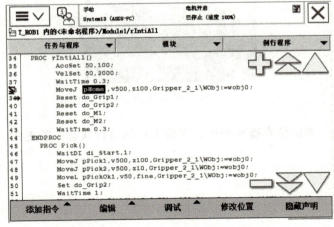

图 7-7　示教目标点程序　　　　　　　图 7-8　pHome 点的示教位置

示教目标点时，需要注意，手动操作画面当前使用的工具和工件坐标系要与指令里面的参考工具和工件坐标系保持一致，否则会出现"选择的工具、工件错误"等警告。

手动状态下，将主程序逐步运行到 pHome、pPick1、pPick2、pPickOk1、关节点 G1 等位置后选择"修改位置"，将当前位置存储到对应的位置数据存储器里，即完成相关点的示教任务。

图 7-9　pPick1 点的示教位置

图 7-10　关节点 G1 的示教位置

图 7-11　pPick3 点的示教位置

图 7-12　pPlaceWait 点的示教位置

完成示教基准点后，将工作站复位，单击仿真播放按钮，查看工作站运行状态，若正常则保存该工作站。

【知识拓展】

1. CASE 应用的扩展

在 CASE 中，若在多种条件下执行同一操作，则可合并在同一 CASE 中，例如：

```
        TEST nCount
        CASE 0,1,2:
            rPlase;
        CASE 3,4,5:
            rPlase1;
        CASE 6,7,8:
            rPlase2;
        DEFAULT:
            MoveJ pHome,v500,z100,tGripper\WObj:=wobj0;
            Stop;
        ENDTEST
```

2. I/O 信号别名操作

在实际应用中，可以将 I/O 信号进行别名处理，即将 I/O 信号与信号数据做关联，在程序应用过程中直接对信号数据做处理。例如：

```
    VAR signaldo a_do1;
    ! 定义一个 signaldo 数据
    PROC InitAll( )
        AliasIO do1,a_do1;
    ! 将真空 I/O 信号 do1 与信号数据 a_do1 做别名关联
    ENDPROC
    PROC rMove( )
        Set a_do1;
    ! 在程序中即可直接对 a_do1 进行操作
    ENDPROC
```

在实际应用过程中，I/O 信号别名处理常见的应用如下：

1）将通用程序模板应用到各类项目中，由于各个工作站中的 I/O 信号名称不一致，故在程序模板中将程序中的信号数据与该项目中机器人的实际 I/O 信号做别名关联，这样无须再更改程序中关于信号的语句。

2）真实的 I/O 信号不能用作数组使用，可以将 I/O 信号进行别名处理后，将对应别名信号数据定义为数组类型，这样便于相关程序的编写。例如：

```
    VAR signaldi diInPos{3};
    PROC InitAll( )
        AliasIO di1,diInPos{1};
        AliasIO di2,diInPos{2};
        AliasIO di3,diInPos{3};
    ENDPROC
```

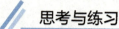

则在程序中可以直接对信号数据 diInPos {} 进行数组处理。

思考与练习

1）练习机床上下料常用的 I/O 配置。
2）练习机床上下料目标点示教操作。
3）总结机床上下料程序调试的详细过程。

任务八   焊接工作站安装与调试

任务描述

本工作站以对多道焊缝模拟焊接为例，利用 IRB 120 搭载 TBI robo 7G 45°焊枪配合焊接工装套件，实现对多道焊缝进行模拟焊接过程。本工作站中还通过 RobotStudio 软件预置了动作效果，在此基础上实现 I/O 配置、程序数据创建、目标点示教、程序编写及调试，最终完成典型弧焊应用程序的编写。通过本章学习，使读者掌握工业机器人在焊接工作站应用的编写技巧。焊接工作站布局如图 8-1 所示。

图 8-1　焊接工作站布局

随着汽车、军工及重工等行业的飞速发展，焊接加工呈现小批量化、多样化的趋势。工业机器人和焊接电源所组成的机器人自动化焊接系统，能够自由、灵活地实现各种复杂三维曲线加工轨迹，并且能够把员工从恶劣的工作环境中解放出来，以从事更高附加值的工作。

工作站介绍

焊接工装套件由多条方形铁质管以及多功能工装夹具套件组成，且表面做过发黑处理。该工作站配有焊枪夹具，整体外形尺寸 560mm×400mm×230mm，由四条 30mm×30mm×270mm 工件原材料及八条 30mm×30mm×200mm 的工件材料组成。机器人焊枪采用 TBI robo 7G 45°，可模拟机器人典型弧焊应用，用于练习对多道焊缝焊接对象进行模拟焊接。

实训时可根据多功能工装夹具对若干方形特制管进行操作，自由拼接搭建不同的复杂立体形状，采用焊枪夹具对需要焊接的焊缝进行轨迹示教。该工作站在对焊缝进行描绘时，要求机器人焊枪不能撞枪且轨迹要平缓流畅。

　　本任务可对机器人的工装夹具进行拆装实训，对焊接知识进行学习。在机器人方面，可训练在考虑到有干涉区时机器人的夹具及姿态调整，加强基础轨迹示教知识点的学习。

学习目标

1）基本指令 IF、FOR、WHILE 的应用。
2）焊枪工具坐标的创建。
3）焊接运行程序的编写。
4）焊接工作站的调试。

知识准备

IF：逻辑判断指令

指令作用：满足不同条件时，执行对应的程序。

应用举例：

```
IF reg0 > 10 THEN
    Set do1;
ENDIF
```

执行结果：如果 reg0>10 条件满足，则执行 Set do1 指令，将数字输出信号置为 1。

FOR：循环运行指令

指令作用：根据指定的次数，重复执行对应的程序。

应用举例：

```
FOR i FROM 1 TO 10 DO
    routine1;
ENDFOR
```

执行结果：重复执行 10 次 routine1 里的程序。

WHILE：循环运行指令

指令作用：如果条件满足，则重复执行对应的程序。

应用举例：

```
WHILE reg0 < 10 DO
Reg0 := reg0 + 1;
ENDWHILE
```

执行结果：如果变量 reg0<10 条件一直成立，则重复执行 reg0 加 1，直至 reg0<10 条件不成立为止。

任务实施

1. 工作站硬件配置

（1）安装工作站套件准备

1）打开模块存放柜找到模拟焊接套件，采用内六角扳手拆卸模拟焊接套件。

2）把模拟焊接套件放至钳工桌桌面，并选择焊枪夹具、焊枪夹具与机器人的连接法兰、安装螺钉（若干）。

3）选择合适型号的内六角扳手，把模拟焊接方形钢管工件及工装固定件从套件托盘上拆除。

（2）工作站安装

1）选择合适的螺钉，把焊接套件安装至机器人操作对象承载平台的合理位置（可自由选择不同数量的焊接方形钢管和固定件，自定义焊接对象的形状、安装位置、方向等）。焊接台如图8-2所示。

2）焊枪夹具安装：首先把焊枪夹具与机器人的连接法兰安装至机器人六轴法兰盘上，然后再把焊枪夹具安装至连接法兰上。焊接工具如图8-3所示。

图8-2 焊接台

图8-3 焊接工具

注：焊接套件与基础学习套件共用一套焊枪夹具。

（3）工艺要求

1）在进行模拟焊接焊缝轨迹示教时，焊枪姿态尽量满足焊接工艺要求。枪倾角与焊接方向成0°~10°，如图8-4所示。

注：焊枪向焊接行进方向倾斜0°~10°时的溶接法（焊接方法）称为"后退法"（与手工焊接相同）。焊枪姿态不变，向相反方向行进焊接的方法称为"前进法"。一般而言，使用"前进法"焊接，气体保护效果较好，可以一边观察焊接轨迹，一边进行焊接操作，因此，多采用"前进法"进行焊接。

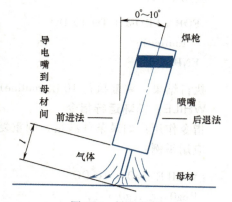

图8-4 焊接角度

2）机器人运行焊缝转角处轨迹要求平缓流畅。

3）焊丝与工件边缘尽量贴近，且不能与工件接触或刮伤工件表面。

2. 工作站仿真系统配置

（1）解压并初始化

（2）标准I/O板配置

将控制器界面语言改为中文并将运行模式转换为手动，然后依次单击"ABB菜单"→"控制面板"→"配置"，进入"I/O主题"，配置I/O信号。本工作站采用标配的ABB标准I/O板，型号为DSQC 652，需要在DeviceNet Device中设置此I/O单元的Unit相关参数，并在Signal中配置具体的I/O信号参数，配置见表8-1和表8-2。

表 8-1　Unit 单元参数

参数名称	设定值	说明
Name	d652	设定 I/O 板在系统中的名字
Device Type	652	设定 I/O 板的类型
Address	10	设定 I/O 板在总线中的地址

在此工作站中，配置了一个数字输出用于控制焊枪工作。

表 8-2　I/O 信号参数

Name	Type of Signal	Assigned to Unit	Unit Mapping	I/O 信号注解
do_Arc	Digital Output	d652	3	启动焊枪信号

（3）创建工具数据

在本工作站应用中，机器人所使用的焊枪工具为不规则形状，这样的工具很难通过测量的方法计算出工具尖点相对于初始工具坐标 tool0 的偏移，所以通常采用特殊的标定方法来定义新建的工具坐标系。本工作站中使用六点标定法，即前四个点为 TCP 标定点，后两个点（X、Z 点）为方向延伸点，在工件台上预先设置一个尖点工件作为工具数据的示教点进行示教，示例过程参见任务五基础工作站安装与调试的详细介绍，这里不再赘述。

最终在示教器中自动生成工具数据 NewGun，见表 8-3。

表 8-3　示教后自动生成工具数据 NewGun

参数名称	参数数值
NewGun	TRUE
trans	
X	-57.575
Y	0
Z	316.479
rot	
q1	0.971918
q2	0
q3	0.23532
q4	0
mass	1
cog	
X	0
Y	0
Z	1

（4）创建工件坐标系数据

在焊接类应用中，当工件位置偏移时，为了方便移植轨迹程序，需要建立工件坐标系。这样，当发现工件整体偏移后，只需重新标定工件坐标系即可完成调整。在此工作站中，所需创建的工件坐标系如图 8-5 所示。

在图 8-5 所示的图中，根据 3 点法，依次移动机器人至 X1、X2、Y1 点并记录，则可自动生成工件坐标系统 Workobject_1。在标定工件坐标系时，要合理选取 X、Y 轴的方向，以保证 Z 轴方向便于编程使用。X、Y、Z 轴方向符合笛卡尔坐标系，即可使用右手来判定，如图中+X、+Y、+Z 所示。其上 X1 点为坐标轴原点，X2 为 X 轴方向上的任意点，Y1 为 Y 轴上的任意点。具体工件坐标系建立如图 8-6~图 8-8 所示。

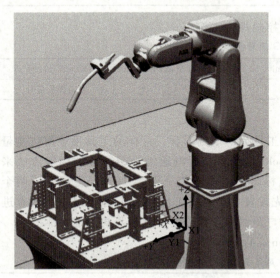

图 8-5 工件坐标系的设定位置

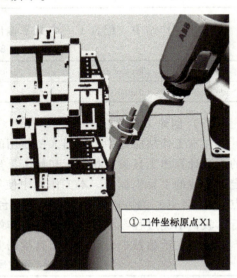

图 8-6 工件坐标系原点 X1 设定位置

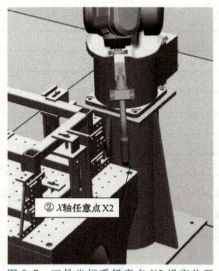

图 8-7 工件坐标系任意点 X2 设定位置

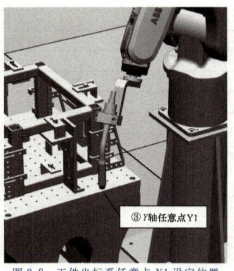

图 8-8 工件坐标系任意点 Y1 设定位置

（5）创建载荷数据

在本工作站中，因焊枪夹具较轻，故无须设定载荷数据。

（6）程序模板导入

完成以上步骤后，将程序模板导入该机器人系统中，在示教器的程序编辑器中可进行程序模块的加载，依次单击"ABB 菜单"→"程序编辑器"，对程序进行加载，流程参照任务五。

浏览至前面所创建的备份文件夹，选择"MainModule.mod"，再单击"确定"按钮，完成程序模板的导入。

3. 程序编写与调试

（1）控制流程图

机床焊接工作站的控制流程图如图8-9所示。

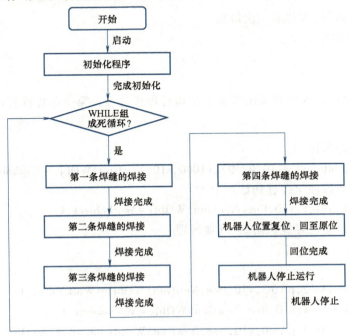

图8-9　机床焊接工作站的控制流程图

（2）程序编写

本任务中，模拟焊接四条焊缝。程序整体结构包含主程序、初始化子程序、第一条焊缝子程序、第二条焊缝子程序、第三条焊缝子程序和第四条焊缝子程序。

主程序如下所示：

```
PROC main( )
 ! 主程序
        rIntiAll；
 ! 调用初始化程序,用于复位机器人位置、信号、数据等
        WHILE TRUE DO
 ! 利用 WHILE TRUE DO 死循环,目的是将初始化程序与机器人反复运动程序隔离
        rArc1；
 ! 第一条焊缝的焊接
        rArc2；
 ! 第二条焊缝的焊接
        rArc3；
```

```
        ！第三条焊缝的焊接
            rArc4；
        ！第四条焊缝的焊接
            MoveJ pHome，v1000，z10，NewGun\WObj：=Workobject_1；
        ！机器人位置复位，回至原位 pHome
            Stop；
        ！机器人停止运行，等待下一次启动
            ENDWHILE
        ENDPROC
```

在焊接中，通过启动焊枪和关闭焊枪模拟运行焊接过程，第一条焊缝程序如下所示：

```
PROC rArc1（）
    ！第一条焊缝的焊接
            MoveJ offs（pArc1，0，0，50），v1000，z10，NewGun\WObj：=Workobject_1；
    ！将机器人关节移动至焊缝初始点上方
            MoveL pArc1，v50，fine，NewGun\WObj：=Workobject_1；
    ！机器人直线运动至焊缝初始点，其他同理
            Set do_Arc；
    ！启动焊枪焊接
            MoveC pArc2，pArc3，v10，fine，NewGun\WObj：=Workobject_1；
            MoveL pArc4，v10，fine，NewGun\WObj：=Workobject_1；
            MoveC pArc5，pArc6，v10，fine，NewGun\WObj：=Workobject_1；
            Reset do_Arc；
    ！停止焊枪焊接
            MoveL offs（pArc6，-20，-20，100），v400，fine，NewGun\WObj：=Workobject_1；
ENDPROC
```

4. 示教目标点

完成坐标系标定后，需要示教基准目标点。在此工作站中，需要示教原位 pHome、焊接点 pArc1、pArc2、pArc3 等。由于示教的点数较多，因此本工作站不设置专门用于示教基准目标点的程序，直接利用主程序进行相关点的示教，这里只对程序中前半部分相关点的示教进行演示，其他示教点参照此方法进行示教。其示教手动过程如图 8-10～图 8-13 所示。

示教目标点时，需要注意，手动操作画面当前使用的工具和工件坐标系要与指令里面的参考工具和工件坐标系保持一致，否则会出现"选择的工具、工件错误"等警告。

在手动状态下，将主程序逐步运行到 pArc1、pArc2、pArc3 等位置后选择"修改位置"，将当前位置存储到对应的位置数据存储器里，即完成相关点的示教任务。

完成示教基准点后，将工作站复位，单击仿真播放按钮，查看工作站运行状态，确认运行状态是否正常，若正常则保存该工作站。

图 8-10　示教目标点程序

图 8-11　pHome 点的示教位置

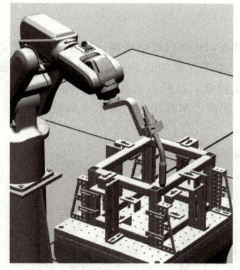

图 8-12　pArc1 点的示教位置

图 8-13　pArc3 点的示教位置

【知识拓展】

TEST 选择指令应用的扩展

指令作用：根据指定变量的判断结果，执行对应的程序。

应用举例：

```
TEST reg0
    CASE 1:
        routine1;
    CASE 2:
```

```
        routine2;
    DEFAULT:
    Stop;
    ENDTEST
```

执行结果：判断 reg0 数值，若为 1 则执行 routine1，若为 2 则执行 routine2，否则执行 Stop。

 思考与练习

1）练习焊接工作站常用的 I/O 配置。

2）练习焊接相关目标点示教的操作。

任务九　码垛工作站安装与调试

 任务描述

本工作站以多种形状铝材物料码垛为例，利用 IRB 120 搭载真空吸盘，配合码垛工装套件实现对拾取物料块进行各种需求组合的码垛过程。本工作站中还通过 RobotStudio 软件预置了动作效果，在此基础上实现 I/O 配置、程序数据创建、目标点示教、程序编写及调试，最终完成物料码垛应用程序的编写。通过本章学习，使读者掌握工业机器人在码垛工作站应用的编写技巧。码垛工作站布局如图 9-1 所示。

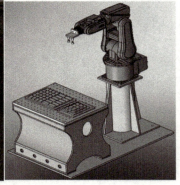

图 9-1　码垛工作站布局

ABB 机器人拥有全套先进的码垛机器人解决方案，包括全系列的紧凑型四轴码垛机器人，如 IRB 260、IRB 460、IRB 660、IRB 760，以及 ABB 标准码垛夹具，如夹板式夹具、吸盘式夹具、夹爪式夹具、托盘夹具等，其广泛应用于化工、建材、饮料、食品等各行业的生产线上的物料和货物的堆放。

 工作站介绍

码垛模型分为两部分：码垛物料盛放平台（包含 16 块正方形物料和 8 块长方形物料）

和码垛平台。可采用吸盘夹具对码垛物料进行自由组合，然后进行机器人码垛训练。该工作站可对码垛对象的码垛形状、码垛时的路径等进行自由规定，可按不同要求做出多种实训，帮助学生理解机器人码垛和阵列并掌握快速编程示教的应用技能。

学习目标

1）基本指令 ConfL、TriggL 的应用。
2）码垛吸盘工具坐标的创建。
3）码垛运行程序的编写。
4）码垛工作站的调试。

知识准备

ConfL：轴配置监控指令

指令作用：机器人在线性运动及圆弧运动过程中是否严格遵循程序中设定的轴配置参数。默认情况下，轴配置监控是打开的，关闭后，机器人以最接近当前轴配置数据的配置到达指定目标点。

应用举例：目标点 p10 中，[1，0，1，0] 是此目标点的轴配置数据，代码如下。

```
CONST  robtarget p10 :=[[＊,＊,＊],[＊,＊,＊,＊],[1,0,1,0],[9E9,9E9,9E9,
9E9,9E9,9E9]];
PROC rMove()
ConfL \Off;
MoveL p10, v500, fine, tool0;
ENDPROC
```

执行结果：机器人自动匹配一组最接近当前各关节轴姿态的轴配置数据，移动至目标点 p10。注意轴配置数据不一定为程序中指定的 [1，0，1，0]。

TriggL：运动触发指令（见图9-2）

指令作用：在线性运动过程中，在指定位置准确地触发事件。

应用举例：

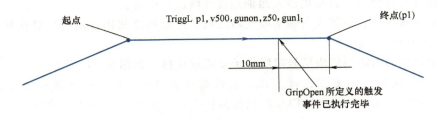

图 9-2　TriggL 指令

```
VAR triggdata GripOpen;
TriggEquip GripOpen, 10, 0.1 \DOp:=doGripOn, 1;
TriggL p1, v500, GripOpen, z50, tGripper;
```

执行结果：机器人 TCP 在朝向 P1 点的运动过程中，在距离 P1 点前 10mm 处，且再提前 0.1s，则将 doGripOn 置为 1。

任务实施

1. 工作站硬件配置

（1）安装工作站套件准备

1）打开模块存放柜找到码垛套件，采用内六角扳手拆卸码垛套件。

2）把码垛套件放至钳工桌桌面，并选择对应的吸盘夹具（码垛套件与搬运套件共用一套吸盘夹具）、夹具与机器人的连接法兰、安装螺钉（若干）、真空发生器、十字螺钉旋具。

3）选择合适型号的内六角扳手把码垛套件从套件托盘上拆除。

（2）工作站安装

1）选择合适的螺钉，把码垛套件安装至机器人操作对象承载平台的合理位置（可任意选择安装位置和方向）。码垛布置图如图 9-3 所示。

图 9-3　码垛布置图

2）夹具安装：首先把夹具与机器人的连接法兰安装至机器人六轴法兰盘上，如图 9-4 所示，然后再把吸盘夹具安装至连接法兰上。

（3）夹具的电路及气路安装

1）把吸盘夹具弹簧气管与机器人四轴集成气路接口连接。

2）把真空发生器、机器人一轴集成气路接口、电磁阀之间用合适的气管连接好，并用扎带固定，如图 6-3 所示。

3）把电磁阀的电路与集成信号接线端子盒正确连接，如图 9-5 所示。

注：PLC 控制柜内的配线已经完成，接线端子盒 YA08 端子已连接至机器人 I/O 板 DSQC 652 的 DO16 通道。因此在 PLC 控制柜面板模式选择开关选择"演示模式"时，由机器人输出信号 DO16 控制吸盘夹具动作。而面板模式选择开关选择"实训模式"时，则需在 PLC 控制柜面板上采用安全连线对工作台夹具执行信号 YA08 与机器人输出信号 DO16 进行连接后，机器人输出信号 DO16 才能控制吸盘夹具动作。

（4）工艺要求

1）在进行码垛轨迹示教时，吸盘夹具姿态保持与工件表面平行。

图 9-4　吸盘在 6 轴法兰盘上的安装

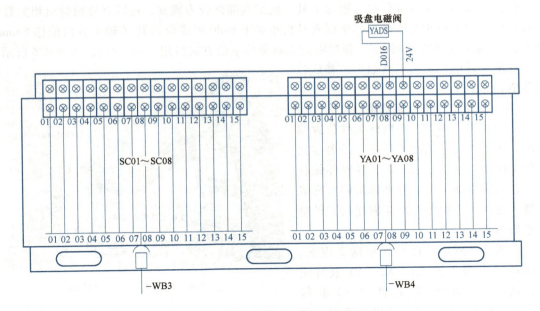

图 9-5　吸盘手爪夹具电磁阀接线图

2）机器人运行轨迹要求平缓流畅，放置工件时平缓准确。

3）码放物料要求物料整齐，无明显缝隙和位置偏差等。

2. 工作站仿真系统配置

（1）解压并初始化

（2）标准 I/O 板配置

将控制器界面语言改为中文并将运行模式转换为手动，然后依次单击"ABB 菜单"→"控制面板"→"配置"，进入"I/O 主题"，配置 I/O 信号。本工作站采用标配的 ABB 标准 I/O 板，型号为 DSQC 652，需要在 DeviceNet Device 中设置此 I/O 单元的 Unit 相关参数，并在 Signal 中配置具体的 I/O 信号参数，配置见表 9-1 和表 9-2。

表 9-1　Unit 单元参数

参数名称	设定值	说明
Name	d652	设定 I/O 板在系统中的名字
Device Type	652	设定 I/O 板的类型
Address	10	设定 I/O 板在总线中的地址

在此工作站中，配置了一个数字输出用于控制焊枪工作。

表 9-2　I/O 信号参数

Name	Type of Signal	Assigned to Unit	Unit Mapping	I/O 信号注解
di_Start	Digital Input	d652	0	启动码垛操作信号
do_Grip	Digital Output	d652	0	吸盘动作信号

（3）创建工具数据

此工作站中，工具部件包含吸盘工具。此工具部件较为规整，可以直接测量出相关数据进行创建，此处新建的吸盘工具坐标系只是相对于 tool0 来说沿着其 Z 轴正方向偏移 83mm，沿着其 X 轴正方向偏移 83mm，新建吸盘工具坐标系的方向沿用 tool0 方向，如图 9-6 所示。

在示教器中，编辑工具数据，确认各项数值，见表 9-3。

（4）创建工件坐标系数据

在码垛类应用中，当整体工件位置偏移时，为了方便移植轨迹程序，需要建立工件坐标系。这样，当发现工件整体偏移以后，只需重新标定工件坐标系即可完成调整。在此工作站中，所需创建的工件坐标系如图 9-7 所示。

在图 9-7 所示的图中，根据 3 点法，依次移动机器人至 X1、X2、Y1 点并记录，则可自动生成工件坐标系统 Workobject_1。在标定工件坐标系时，要

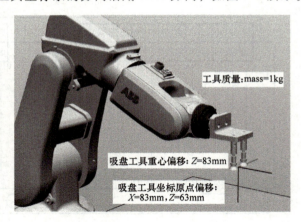

图 9-6　机器人的工具坐标系

合理选取 X、Y 轴方向，以保证 Z 轴方向便于编程使用。X、Y、Z 轴方向符合笛卡尔坐标系，即可使用右手来判定，如图中+X、+Y、+Z 所示。其上 X1 点为坐标轴原点，X2 为 X 轴上的任意点，Y1 为 Y 轴上的任意点。具体工件坐标系建立参见前面任务中的工作站示例。

表 9-3　示教后自动生成工具数据 Gripper_1

参数名称	参数数值
Gripper_1	TRUE
trans	
X	83
Y	0
Z	63

（续）

参数名称		参数数值
rot		
	q1	0.707107
	q2	0
	q3	0.707107
	q4	0
	mass	1
cog		
	X	0
	Y	0
	Z	1

（5）创建载荷数据

在本工作站中，因吸盘与载荷较轻，故无须设定载荷数据。

（6）程序模板导入

完成以上步骤后，将程序模板导入该机器人系统中，在示教器的程序编辑器中可进行程序模块的加载，依次单击"ABB菜单"→"程序编辑器"，对程序进行加载，流程参考任务五。

浏览至前面所创建的备份文件夹，选择"MainModule.mod"，再单击"确定"按钮，完成程序模板的导入。

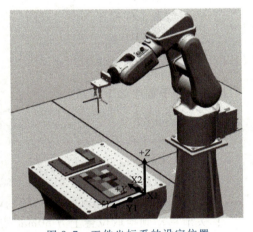

图9-7　工件坐标系的设定位置

3．程序编写与调试

（1）工艺要求

1）在进行码垛轨迹示教时，吸盘夹具姿态保持与工件表面平行。

2）机器人运行轨迹要求平缓流畅，放置工件时应平缓准确。

3）码放物料要求物料整齐，无明显缝隙和位置偏差等。

（2）程序编写

码垛工作站程序由主程序（main）、初始化子程序（rIntiAll）、拾取工件子程序（rPick）、放置工件子程序（rPlace）、位置处理子程序（CallPos）、码垛计数值处理子程序（rPlaceRD）以及位置示教子程序（Path_10）组成。其中，拾取工件子程序和放置工件子程序在拾取和放置时调用位置处理子程序的拾取和放置位置结果，放置工件子程序还调用码垛计数值处理子程序，实现工件码垛计数和判断码垛是否完成。位置示教子程序用于拾取基准点和放置基准点的示教，不被任何程序调用。程序中，还建立了 noffsXL、noffsY、PickPotX、PickPotY 这四个用于工件拾取、放置位置偏移量的变量。码垛工作站的控制流程图如图9-8所示。

主程序如下所示：

```
PROC main( )
! 主程序
        rIntiAll;
! 调用初始化程序,用于复位机器人位置、信号、数
  据等
        WHILE TRUE DO
! 利用 WHILE TRUE DO 死循环,目的是将初始化
  程序与机器人反复运动程序隔离
        WaitDI di_Start,1;
! 等待启动信号,有信号后执行
        rPick;
! 调用拾取工件程序
        rPlace;
! 调用放置工件程序
        ENDWHILE
ENDPROC
```

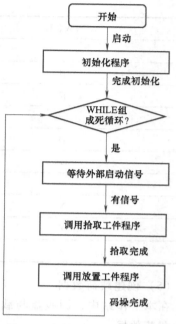

图 9-8　码垛工作站的控制流程图

拾取工件子程序如下所示：

```
PROC rPick( )
! 调用拾取工件程序
        CallPos;
! 计算拾取位置
        MoveJ offs(pPick,0,0,50),v1000,z50,Gripper_1\WObj:=Workobject_1;
! 关节移动到拾取位置上方 50mm 处
        MoveL pPick,v50,fine,Gripper_1\WObj:=Workobject_1;
! 直线移动到拾取位置
        Set do_Grip;
! 启动吸盘动作
        WaitTime 0.8;
! 延时 0.8s
        MoveL offs(pPick,0,0,50),v800,fine,Gripper_1\WObj:=Workobject_1;
! 直线移动到拾取位置上方 50mm 处
    ENDPROC
```

放置工件子程序如下所示：

```
PROC rPlace( )
! 调用放置工件程序
```

```
        MoveL offs(pPlace,0,0,50),v1000,z50,Gripper_1\WObj:=Workobject_1;
！直线移动到放置位置上方 50mm 处
        MoveL pPlace,v50,fine,Gripper_1\WObj:=Workobject_1;
！直线移动到放置位置处
        Reset do_Grip;
！释放吸盘动作
        WaitTime 0.8;
！延时 0.8s
        MoveL offs(pPlace,0,0,50),v800,fine,Gripper_1\WObj:=Workobject_1;
！直线移动到放置位置上方 50mm 处
        rPlaceRD;
！调用计数值处理程序
    ENDPROC
```

位置处理子程序通过 CASE 语句和 Offs 语句列出了 16 个拾取和放置的位置，程序如下所示：

```
    PROC CallPos()
！计算拾取放置位置
    TEST nCount
！指引拾取计数值
    CASE 1:
！拾取计数值为 1 时将相关值赋值给 pPick 和 pPlace，以下同理可得
    pPick:=Offs(pickBase,0,0,0);
    pPlace:=Offs(placeBase,0,0,0);
    ！ CASE 2~CASE 15 省略
    CASE 16:
    pPick:=Offs(pickBase_2,PickPotX,3*PickPotY,0);
    pPlace:=Offs(placeBase_2,noffsXL,3*noffsY,0);
    DEFAULT:
    ENDTEST
    ENDPROC
```

4. 示教目标点

完成坐标系标定后，需要示教基准目标点。在此工作站中，需要示教原位点"pHome"、拾取工件基准点"pickBase"、拾取工件基准点"pickBase_2"、放置工件基准点"placeBase"、放置工件基准点"placeBase_2"。在例行程序中有专门用于示教基准目标点的

程序 Path_10（），在程序编辑器菜单中找到该程序。

示教目标点时，需要注意，手动操作画面当前使用的工具和工件坐标系要与指令里面的参考工具和工件坐标系保持一致，否则会出现"选择的工具、工件错误"等警告。

示教 pHome 使用 Gripper_1 和 Workobject_1，如图 9-9～图 9-12 所示。

手动状态下将主程序逐步运行到 pickBase、pickBase_2、placeBase、placeBase_2 等位置后选择"修改位置"将当前位置存储到对应的位置数据存储器里，即完成相关点的示教任务。

完成示教基准点后，将工作站复位，单击仿真播放按钮，查看工作站运行状态，确认运行状态是否正常，若正常则保存该工作站。

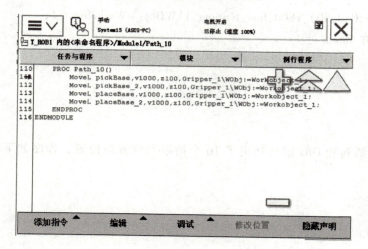

```
                手动                    电机开启
                System15 (ASUS-PC)      已停止（速度 100%）
     T_ROB1 内的<未命名程序>/Module1/Path_10

          任务与程序            模块              例行程序
110     PROC Path_10()
111         MoveL pickBase,v1000,z100,Gripper_1\WObj:=Workobject_1;
112         MoveL pickBase_2,v1000,z100,Gripper_1\WObj:=Workobject_1;
113         MoveL placeBase,v1000,z100,Gripper_1\WObj:=Workobject_1;
114         MoveL placeBase_2,v1000,z100,Gripper_1\WObj:=Workobject_1;
115     ENDPROC
116 ENDMODULE



     添加指令      编辑        调试      修改位置      隐藏声明
```

图 9-9　示教目标点程序

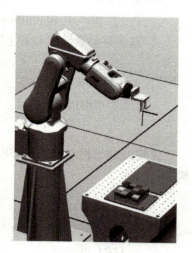

图 9-10　pHome 点的示教位置

图 9-11　pickBase 点的示教位置

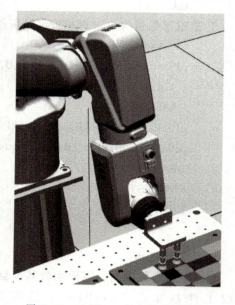

图 9-12　pickBase_2 点的示教位置

【知识拓展】

复杂程序数据赋值

多数类型的程序数据均是组合型数据，即里面包含了多项数值或字符串。可以对其中的任何一项参数进行赋值。

应用举例：

PERS robtarget p10：=[[0，0，0]，[1，0，0，0]，[0，0，0，0]，[9E9，9E9，9E9，9E9，9E9，9E9]]；

PERS robtarget p20：=[[100，0，0]，[0，0，1，0]，[1，0，1，0]，[9E9，9E9，9E9，9E9，9E9，9E9]]；

目标点四组数据依次为 TCP 位置数据 trans：[0，0，0]、TCP 姿态数据 rot：[1，0，0，0]、轴配置数据 robconf：[1，0，1，0]、外部轴数据 extax：[9E9，9E9，9E9，9E9，9E9，9E9]。

进行赋值操作，具体如下：

p10. trans. x：= p20. trans. x+50；

p10. trans. y：= p20. trans. y−50；

p10. trans. z：= p20. trans. z+100；

p10. rot：= p20. rot；

p10. robconf：= p20. robconf；

执行结果：

PERS robtarget p10：=[[150，−50，100]，[0，0，1，0]，[1，0，1，0]，[9E9，9E9，9E9，9E9，9E9，9E9]]；

思考与练习

1）练习码垛工作站常用的 I/O 配置。

2）练习码垛相关目标点示教的操作。

3）总结码垛程序调试的详细过程。

任务十　涂胶工作站安装与调试

任务描述

本工作站以对不规则铝制板涂胶为例，利用 IRB 120 涂胶胶枪夹具配合模拟涂胶工件套装，实现对被涂胶对象涂胶的过程。本工作站中还通过 RobotStudio 软件预置了动作效果，在此基础上实现 I/O 配置、程序数据创建、目标点示教、程序编写及调试，最终完成物品涂胶应用程序的编写。通过本章学习，使读者掌握工业机器人在涂胶工作站应用的编写技巧。

涂胶工作站布局如图 10-1 所示。

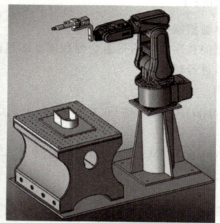

图 10-1　涂胶工作站布局

ABB 机器人在汽车玻璃安装、车灯安装等需要涂胶的生产工艺中有着广泛的应用，一般涂胶工艺轨迹都较为复杂，对布胶均匀性、密封性、外观性都有较高的要求。工业机器人可以灵活地生成复杂的空间轨迹，完成复杂的布胶动作，并且运动快速、平稳、重复精度高，可充分保证生产节拍需求。

工作站介绍

模拟涂胶工件套装主要由被涂胶对象和涂胶胶枪夹具等组成。工作站尺寸为 560mm×400mm×80mm，被涂胶对象尺寸为 130mm×100mm×80mm，模型支撑板尺寸为 280mm×200mm×8mm。

涂胶工作站主要包含模拟涂胶对象和涂胶枪（大流量点胶阀）。可训练被涂胶对象的多道轨迹涂胶；可实训机器人的平面、曲面、轨迹示教，机器人和涂胶枪的配合等；可对被涂胶对象的多道轨迹进行模拟涂胶，完成机器人的轨迹示教和模拟涂胶任务。

学习目标

1）基本指令 Clock 的应用。
2）涂胶焊枪工具坐标的创建。
3）涂胶运行程序的编写。
4）涂胶工作站的调试。

知识准备

Clock：计时指令的应用

时钟数据"Clock"必须定义为变量类型，最小计时单位为 1ms。

指令作用：ClkStart——开始计时；ClkStop——停止计时；ClkReset——时钟复位；ClkRead——读取时钟数值。

应用举例：

```
VAR clock clock1;
PERS num CycleTime;
PROC rMove( )
    MoveL p1,v100,fine,tool0;
    ClkReset clock1;
    ClkStart clock1;
    MoveL p2,v100,fine,tool0;
    ClkStop clock1;
    CycleTime :=ClkRead(clock1);
ENDPROC
```

执行结果：机器人到达 p1 点后开始计时，到达 p2 点后停止计时，之后利用 ClkRead 读取当前时钟数值，并将其赋值给数值型变量 CycleTime，则当前 CycleTime 的值即为机器人从 p1 点到 p2 点的运动时间。

任务实施

1. 工作站硬件配置

（1）安装工作站套件准备

1）打开模块存放柜，找到模拟涂胶套件，如图 10-2 所示，使用内六角扳手拆卸模拟涂胶套件。

2）把模拟涂胶套件放至钳工桌桌面，并选择胶枪夹具、胶枪夹具与机器人的连接法兰、安装螺钉（若干）。涂胶气路安装如图 10-3 所示。

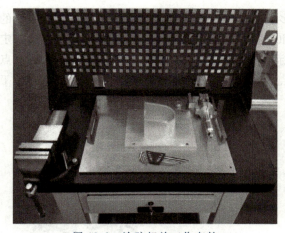

图 10-2　涂胶相关工作套件

图 10-3　涂胶气路安装

3）选择合适型号的内六角扳手把待涂胶工件从套件托盘上拆除。

（2）工作站安装

1）选择合适的螺钉，把涂胶套件安装至机器人操作对象承载平台的合理位置（安装位置及方向可自由定义）。

2）胶枪夹具安装：首先把胶枪夹具与机器人的连接法兰安装至机器人六轴法兰盘上，然后再把胶枪夹具安装到连接法兰上，如图10-4所示。

（3）工艺要求

1）在进行涂胶轨迹示教时，胶枪姿态尽量垂直于工件表面。

2）胶枪针头位于待涂胶部位缝隙中，且不能与工件接触；机器人运行轨迹要求平缓流畅，不能撞上工件损坏针头。

2. 工作站仿真系统配置

（1）解压并初始化

（2）标准I/O板配置

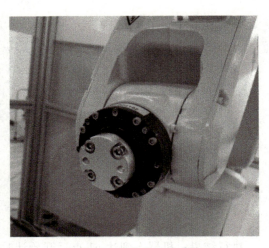

图10-4　胶枪夹具的安装

本工作站仅演示涂胶运动过程，仅利用一个数字输出点来控制涂胶工具的涂胶动作，其Unit单元参数和I/O信号参数设置见表10-1和表10-2。

表10-1　Unit单元参数

参数名称	设定值	说明
Name	d652	设定I/O板在系统中的名字
Device Type	652	设定I/O板的类型
Address	10	设定I/O板在总线中的地址

表10-2　I/O信号参数

Name	Type of Signal	Assigned to Unit	Unit Mapping	I/O信号注解
do_Start	Digital Output	d652	1	涂胶信号

（3）创建工具数据

在轨迹类应用中，机器人所使用的工具多数为不规则形状，这样的工具很难通过测量的方法计算出工具尖点相对于初始工具坐标tool0的偏移，所以通常采用特殊的标定方法来定义新建的工具坐标系。本工作站中使用六点标定法，即前四个点为TCP标定点，后两个点（X、Z点）为方向延伸点，可自由选取目标点，示例过程如图10-5~图10-10所示，进行工具数据tGripper的设定。

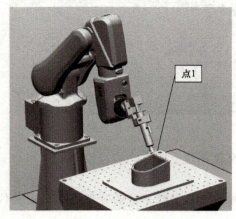

图10-5　点1的设定位置

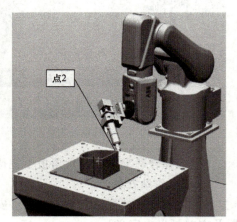

图10-6　点2的设定位置

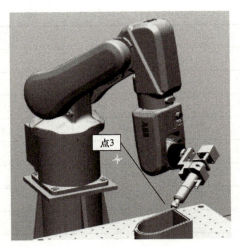

图 10-7 点 3 的设定位置

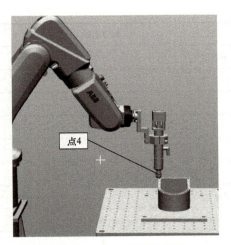

图 10-8 点 4 的设定位置

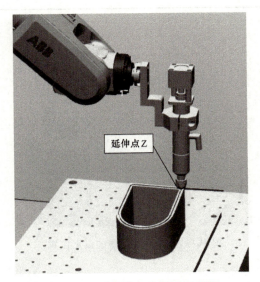

图 10-9 延伸器点 Z 的设定位置

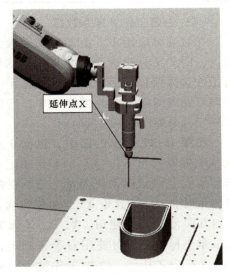

图 10-10 延伸器点 X 的设定位置

依次完成上述目标点的示教，即可生成新的工具坐标系。

最终，在示教器中自动生成工具数据 tGripper，具体见表 10-3。

表 10-3 工具参数

参数名称	参数数值
tGripper	TRUE
trans	
X	211
Y	0
Z	84.0003

（续）

参数名称		参数数值
rot		
	q1	1
	q2	0
	q3	1.26E-07
	q4	0
	mass	0.001
cog		
	X	0
	Y	0
	Z	0.001

（4）创建工件坐标系数据

在轨迹类应用中，由于需要示教大量的目标点，因此工件坐标系尤为重要。这样，当发现工件整体偏移以后，只需重新标定工件坐标系即可完成调整。在此工作站中，所需创建的工件坐标系如图 10-11 所示。

在图 10-11 所示的图中，根据 3 点法，依次移动机器人至 X1、X2、Y1 点并记录，则可自动生成工件坐标系统 Wobj_T。在标定工件坐标系时，要合理选取 X、Y 轴的方向，以保证 Z 轴方向便于编程使用。X、Y、Z 轴方向符合笛卡尔坐标系，即可使用右手来判定，如图中 +X、+Y、+Z 所示。在本工作站中，从俯视图

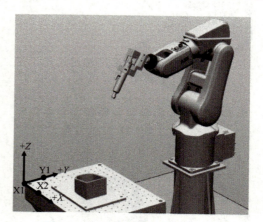

图 10-11　工件坐标系的设定位置

来看，其涂胶运行轨迹为绕工件逆时针运动，涂胶过程中的所有目标点均使用工具坐标系 tGripper 和工件坐标系统 Wobj_T。

（5）创建载荷数据

工具负载的参数为一个估算值，本工作站中因涂胶工具较轻，故无须重新设定载荷数据，采用默认载荷数据 load0。在实际应用中，工具重心及偏移的设置通常采用系统例行程序 LoadIdentify 来自动标定。

（6）程序模板导入

I/O 配置完成后，将程序模板导入该机器人系统中，在示教器的程序编辑器中可进行程序模块的加载，依次单击 "ABB 菜单" → "程序编辑器"，若出现加载程序提示框，则暂时单击 "取消" 按钮，之后可在程序模块界面中加载流程参照任务五。

浏览至前面所创建的备份文件夹，选择 "MainModule.mod"，再单击 "确定" 按钮，完成程序模板的导入。

3. 程序编写与调试

（1）工艺要求

① 在进行涂胶轨迹示教时，胶枪姿态尽量垂直于工件表面。

② 胶枪针头位于待涂胶部位缝隙中，且不能与工件接触；机器人运行轨迹要求平缓流畅，不能撞上工件损坏针头。

（2）程序编写

涂胶工作站依据实际需要完成相应的直线及圆弧运动，流程较为简单，在涂胶开始点置位涂胶信号，在结束位置处复位涂胶信号。程序如下所示：

```
PROC main( )
        MoveL Target_10,v500,z15,tGripper\WObj:=Wobj_T;
!机器人首先运动到涂胶前初始位置
        MoveL Offs（Target_20,0,0,50）,v500,z15,tGripper\WObj:=Wobj_T;
!机器人运动到涂胶第1个位置点上方
        MoveL Target_20,v10,fine,tGripper\WObj:=Wobj_T;
!机器人直线运动到涂胶第1个位置点
        Set do_Start;
!置位涂胶工具信号
        MoveL Target_30,v10,z15,tGripper\WObj:=Wobj_T;
!机器人直线运动到涂胶第2个位置点
        MoveC Target_40,Target_50,v10,z15,tGripper\WObj:=Wobj_T;
!机器人圆弧运动到涂胶第3个位置点,下同
        MoveL Target_60,v10,z15,tGripper\WObj:=Wobj_T;
        MoveC Target_70,Target_80,v10,z15,tGripper\WObj:=Wobj_T;
        MoveL Target_90,v10,z15,tGripper\WObj:=Wobj_T;
        MoveC Target_100,Target_110,v10,fine,tGripper\WObj:=Wobj_T;
        Reset do_Start;
!复位涂胶工具信号
```

4. 示教目标点

完成工件坐标系标定后，需要示教基准目标点。涂胶轨迹运动中需要示教大量的目标点，而且在示教目标点的过程中要根据工艺需求调整工具姿态，尽量使工具 Z 轴方向与工件表面保持垂直关系。在"程序编辑器"菜单中找到涂胶过程主程序 main（），如图 10-12 所示。

移动到 Target_ 20 位置后将涂胶信号置位为 1，根据预先示教好的轨迹完成直线与圆弧运动，其示教部分轨迹点如图 10-13~图 10-17 所示，同理完成其他各点的示教任务。

完成示教基准点后，将工作站复位，单击仿真播放按钮，查看工作站运行状态，若正常则保存该工作站。

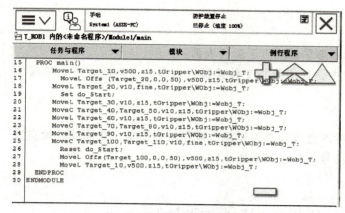

```
15    PROC main()
16        MoveL Target_10,v500,z15,tGripper\WObj:=Wobj_T;
17        MoveL Offs (Target_20,0,0,50),v500,z15,tGripper\WObj_T;
18        MoveL Target_20,v10,fine,tGripper\WObj:=Wobj_T;
19        Set do_Start;
20        MoveL Target_30,v10,z15,tGripper\WObj:=Wobj_T;
21        MoveC Target_40,Target_50,v10,z15,tGripper\WObj:=Wobj_T;
22        MoveL Target_60,v10,z15,tGripper\WObj:=Wobj_T;
23        MoveC Target_70,Target_80,v10,z15,tGripper\WObj:=Wobj_T;
24        MoveL Target_90,v10,z15,tGripper\WObj:=Wobj_T;
25        MoveC Target_100,Target_110,v10,fine,tGripper\WObj:=Wobj_T;
26        Reset do_Start;
27        MoveL Offs(Target_100,0,0,50),v500,z15,tGripper\WObj:=Wobj_T;
28        MoveL Target_10,v500,z15,tGripper\WObj:=Wobj_T;
29    ENDPROC
30 ENDMODULE
```

图 10-12　示教目标点程序

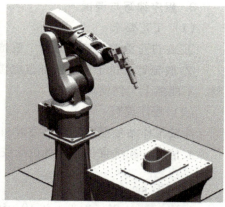

图 10-13　pHome 点的示教位置

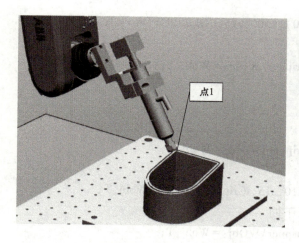

图 10-14　机器人涂胶位置点 1

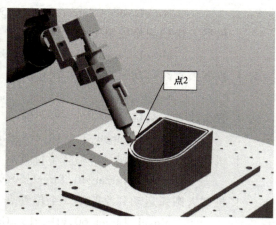

图 10-15　机器人涂胶直线轨迹点 2

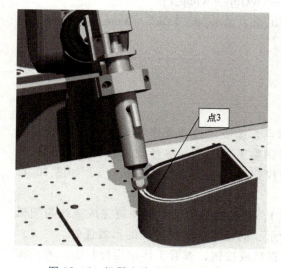

图 10-16　机器人涂胶圆弧上的点 3

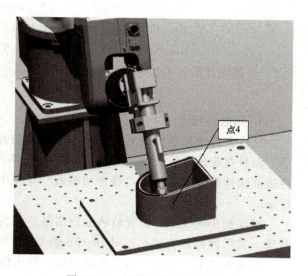

图 10-17　机器人涂胶圆弧终点 4

【知识拓展】

CallByVar（Call By Variable）应用的扩展

在 CallByVar 中，通过不同的变量调用不同的例行程序，指令格式如下：

```
CallByVar Name,Number
```

Name：例行程序名称的第一部分，数据类型为 string。
Number：例行程序名称的第二部分，数据类型为 num。
实例：

```
reg1:=2;
CallByVar proc,reg1;
```

上述指令执行完后，机器人调用了名为 proc2 的例行程序。

应用限制：该指令是通过指令中的相应数据调用相应的例行程序，使用时有以下限制：

1）不能直接调用带参数的例行程序。

2）所有被调用的例行程序名称的第一部分必须相同，如 proc1、proc2、proc3 等。

3）使用 CallByVar 指令调用例行程序所需的时间比用指令 ProcCall 调用例行程序的时间更长。

通过使用 CallByVar 指令，就可以通过 PLC 输入数字编号来调用对应不同涂胶轨迹的例行程序，这样给程序扩展带来了极大的便利。

 思考与练习

1）练习涂胶常用的 I/O 配置。

2）练习涂胶工件数据的创建。

3）练习涂胶程序的调试。

任务十一　　装配工作站安装与调试

任务描述

本工作站以装配内外嵌套工件为例，利用 IRB 120 专用装配夹具配合装配工作站套装，模拟对内外嵌套工件装配的过程。工作中两个立体落料式供料机构，可对物料 A、物料 B 进行原料供给。装配安装平台可盛放物料，用于物料 A、物料 B 安装时使用。待 A、B 物料装配完成后对其进行仓储入库。可训练对机器人精确定位及抓手吸盘夹具的学习。

本工作站中还通过 RobotStudio 软件预置了动作效果，在此基础上实现 I/O 配置、程序数据创建、目标点示教、程序编写及调试，最终完成内外嵌套物件装配应用程序的编写。通过本章学习，使读者掌握工业机器人在装配工作站应用的编写技巧。装配工作站布局如图 11-1 所示。

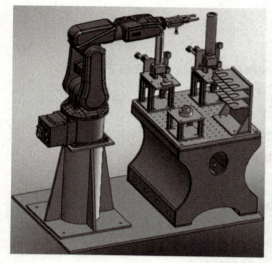

图 11-1　装配工作站布局

　　ABB 机器人在零件装配领域也有着广泛的应用，其运动精度高、速度平稳，可以很好地保证所装配零件间的精度，通过视觉系统的辅助，可精确定位各种装配件微小尺寸的自动安装，使得生产更加柔性化。

工作站介绍

　　装配工装套件包含外形工件料仓、内工件料仓、成品库、装配台、机器人夹具等。

　　料仓包括料台、料筒、顶料机构 CDJ2KB 16-30 D-C73×2 、推料机构顶料机构 CDJ2KB 16-75 D-C73×2 、料台检测传感器、供料传感器、物料有无传感器等。

　　成品库由 200mm×90mm×290mm 的铝制结构构成，表面阳极氧化处理，共有三层，每层有三个工位。装配台整体尺寸为 135mm×120mm×140mm，作为外形工件与内工件进行装配使用。

　　工作时按照 PLC 主令信号的要求，外形工件料仓及内工件料仓对带装配的工件进行供料，机器人先把外形工件搬运至装配台后，再对内工件进行夹取搬运，对两个工件进行装配。装配完成后，把装配完成的工件搬运至成品库进行顺序码放。

学习目标

1）基本指令 WaitDI、WaitUntil、Waittime 的应用。
2）装配工具坐标的创建。
3）装配工件运行程序的编写。
4）装配工作站的调试。

知识准备

1. WaitDI 指令

指令作用：等待数字输入信号达到指定状态，并可设置最大等待时间以及超时标识。
应用举例：

> WaitDI di1，1\MaxTime：= 5\TimeFlag：= bool1；

执行结果：等待数字输入信号 di1 变为 1，最大等待时间为 5s，若超时则 bool1 被赋值为 TRUE，程序继续执行下一条指令；若不设最大等待时间，则指令一直等待，直至信号变为指定数值。

2．WaitUntil 指令

指令作用：等待条件成立，并可设置最大等待时间以及超时标识。

应用举例：

> WaitUntil reg1 = 5\MaxTime：= 6\TimeFlag：= bool1；

执行结果：等待数值型数据 reg1 变为 5，最大等待时间为 6s，若超时则 bool1 被赋值为 TRUE，程序继续执行下一条指令；若不设最大等待时间，则指令一直等待，直至条件成立。

3．Waittime 指令

指令作用：等待固定的时间

应用举例：

> Waittime 0.3；

执行结果：机器人程序执行到该指令时，指针会在此处等待 0.3s。

任务实施

1．工作站硬件配置

（1）安装工作站套件准备

1）打开模块存放柜找到大小料装配套件，如图 11-2 所示，使用内六角扳手拆卸装配套件。

2）把套件放至钳工桌桌面，并选择多功能夹具（包含一个平行手指气缸、一个吸盘夹具）、气缸固定件、夹具与机器人的连接法兰、安装螺钉（若干）。

3）选择合适型号的内六角扳手把托盘拆除。

图 11-2　装配工作站

（2）工作站安装

1）选择合适的螺钉，把装配套件安装至机器人操作对象承载平台的合理位置（安装位置及方向可自由定义），如图 11-3 所示。

2）夹具安装：首先把夹具与机器人的连接法兰安装至机器人六轴法兰盘上，然后再把夹具固定件（包含吸盘夹具）安装至连接法兰上，最后把平行手指气缸安装到夹具固定件上，如图 11-4 所示。

（3）工作站执行气缸与夹具的气路安装

图 11-3　装配工作站组装

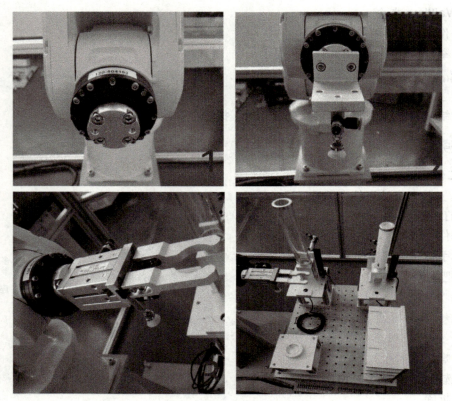

图 11-4　装配工作站夹具的安装

1）把手爪夹具与吸盘夹具的弹簧气管与机器人四轴集成气路接口连接。

2）把机器人一轴集成气路接口与电磁阀之间用合适的气管连接好，并用扎带固定，如图 6-3 所示。

3）根据工作站 I/O 表（见表 11-1）把工作站中对应的执行气缸的气路，按表所示接到对应的电磁阀上，并用扎带固定，如图 11-5 所示。

（4）工作站 I/O 信号电路连接

图 11-5　装配工作站 I/O 信号组装

　　PLC 控制柜内的配线已经完成，更换不同工作站套件时只需根据工作站的 I/O 信号配置对处于机器人操作对象承载平台侧面的集成信号接线端子盒进行接线即可。

表 11-1　大小料装配工作站 I/O 表

工作站输入信号				
序号	PLC 地址	符号	注释	信号连接设备
1	X07	SC1 顶料气缸后限位（大料）	大料 A 落料机构传感器	集成接线端子盒（位于机器人工作台侧面）
2	X10	SC2 推料气缸后限位（大料）		
3	X11	SC3 落料检测（大料）		
4	X12	SC4 出料位检测（大料）		
5	X13	SC5 顶料气缸后限位（小料）	小料 B 落料机构传感器	
6	X14	SC6 推料气缸后限位（小料）		
7	X15	SC7 落料检测（小料）		
8	X16	SC8 出料位检测（小料）		
PLC 输出信号				
序号	PLC 地址	符号	注释	信号连接设备
1	Y15	YA01 顶料气缸电磁阀（大料）	大料 A 落料机构气缸电磁阀	集成接线端子盒（位于机器人工作台侧面）
2	Y16	YA02 推料气缸电磁阀（大料）		
3	Y17	YA03 顶料气缸电磁阀（小料）	小料 B 落料机构气缸电磁阀	
4	Y20	YA04 推料气缸电磁阀（小料）		
5	Y21	YA05（未使用）		
6	Y22	YA06（未使用）		

　　注：PLC 控制柜内的配线已经完成，接线端子盒 SC01～SC08 对应 PLC 电控柜内 X07～X16、YA01～YA08 对应 PLC 电控内 Y15～Y22；YA08 端子已连接至机器人 I/O 板 DSQC 652 的 DO16 通道，YA07 端子已连接至机器人 I/O 板 DSQC 652 的 DO15 通道。

根据工作站 I/O 表，把工作站传感器及电磁阀的电路与集成信号接线端子盒正确连接，如图 11-6 所示。装配工作站接线实物图如图 11-7 所示。

（5）工艺要求

1）在进行搬运时，机器人手爪能精确定位。

2）机器人运行时，运动精度高、速度平稳。

3）保证所装配零件间的精度要求。

2. 工作站仿真系统配置

（1）解压并初始化

（2）标准 I/O 板配置

将控制器界面语言改为中文并将运行模式转换为手动，之后依次单击"ABB 菜单"→"控制面板"→"配置"，进入"I/O 主题"，配置 I/O 信号。本工作站采用标配的 ABB 标准 I/O 板，型号为 DSQC 652（16 个数字输入，16 个数字输出），则需要在 DeviceNet Device 中设置此 I/O 单元的 Unit 相关参数，并在 Signal 中配置具体的 I/O 信号参数，配置见表 11-2 和表 11-3。

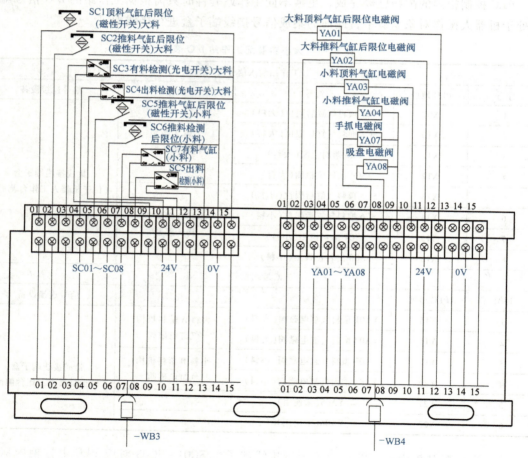

图 11-6　装配工作站接线图

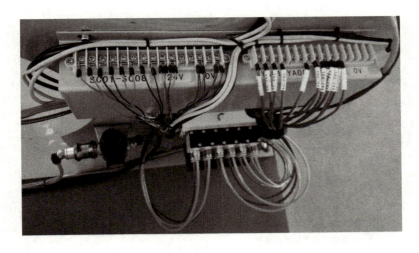

图 11-7　装配工作站接线实物图

表 11-2　Unit 单元参数

参数名称	设定值	说明
Name	d652	设定 I/O 板在系统中的名字
Device Type	652	设定 I/O 板的类型
Address	10	设定 I/O 板在总线中的地址

在此工作站中，配置了两个数字输入信号和四个数字输出用于相关动作的控制。

表 11-3　I/O 信号参数

Name	Type of Signal	Assigned to Unit	Unit Mapping	I/O 信号注解
di_BoxPos1	Digital Input	d652	1	外工件准备好
di_BoxPos2	Digital Input	d652	2	内工件准备好
do_Gripper	Digital Output	d652	1	夹持工具信号
do_Xpan	Digital Output	d652	2	吸盘工具信号
do_InFeedr1	Digital Output	d652	3	外工件允许进料信号
do_InFeedr2	Digital Output	d652	4	内工件允许进料信号

（3）创建工具数据

此工作站中，工具部件包含两个动作工具，即夹持工具和吸盘工具。此工具部件较为规整，可以直接测量出相关数据进行创建，此处新建的夹持工具坐标系只是相对于 tool0 来说沿着其 Z 轴正方向偏移 145mm，新建夹持工具坐标系的方向沿用 tool0 的方向。同理，新建的吸盘工具坐标系相对于 tool0 沿着其 Z 轴正方向偏移 66mm，沿着其 X 轴正方向偏移 79.567mm，新建吸盘工具坐标系的方向沿用 tool0 方向，如图 11-8 所示。

在示教器中，编辑工具数据，确认各项数值，具体见表 11-4。

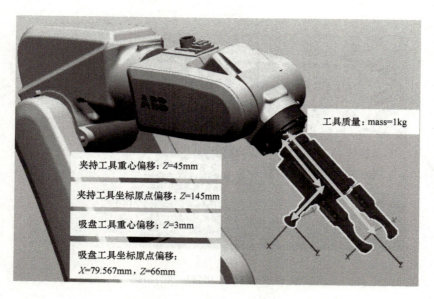

图 11-8　机器人的工具坐标系

表 11-4　工具数据设定

参数名称	参数数值	参数名称	参数数值
tGripper	TRUE	Xpan	TRUE
trans		trans	
X	0	X	79.567
Y	0	Y	0
Z	145	Z	66
rot		rot	
q1	1	q1	1
q2	0	q2	0
q3	0	q3	0
q4	0	q4	0
mass	1	mass	1
cog		cog	
X	0	X	0
Y	0	Y	0
Z	45	Z	3
其余参数均为默认值			

（4）创建工件坐标系数据

在本工作站中，因搬运点较少，故此处未设定工件坐标系，而是采用系统默认的初始工件坐标系 Wobj0（此工作站的 Wobj0 与机器人基坐标系重合）。

（5）创建载荷数据

在本工作站中，因搬运物件较轻，故无须重新设定载荷数据。

（6）程序模板导入

I/O 配置完成后，将程序模板导入该机器人系统中，在示教器的程序编辑器中可进行程序模块的加载，依次单击"ABB 菜单"→"程序编辑器"，若出现加载程序提示框，则暂时单击"取消"按钮，之后可在程序模块界面中进行加载流程参照任务五。

　　浏览至前面所创建的备份文件夹，选择"MainModule. mod"，再单击"确定"按钮，完成程序模板的导入。

3. 程序编写与调试

（1）工艺要求

1）在进行搬运时，机器人手爪能精确定位。

2）机器人运行时，运动精度高、速度平稳。

3）保证所装配零件间的精度要求。

（2）程序编写

　　装配工作站程序由主程序（main）、初始化子程序（rIntiall）、拾取外工件子程序（rPick1）、拾取内工件子程序（rPick）、放置内外工件子程序（rPlaceHe）、夹持装配完成工件子程序（rhe）、放置料仓子程序（rPlase、rPlase1、rPlase2）组成。另外，为示教方便，程序中还建立了两个位置示教程序——Path_10 和 Path_20。

　　程序中还建立了以下相关变量：计数器（nCount）、外工件取件标志（po）、内工件取件标志（pq）、相邻物料在 Y 轴方向上的偏移距离（nYoffset）、相邻物料在 Z 轴方向上的偏移距离（nZoffset）。

　　机床上下料工作站的控制流程图如图 11-9 所示。

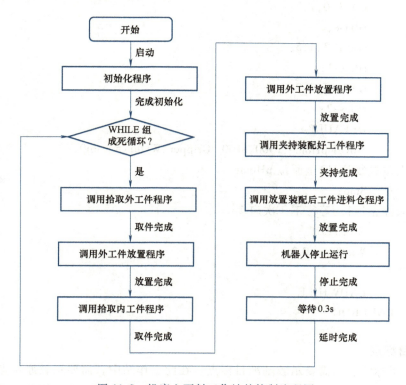

图 11-9　机床上下料工作站的控制流程图

主程序如下所示：

```
PROC main( )
! 主程序
        rInitall;
! 调用初始化程序,用于复位机器人位置、信号、数据等
        WHILE TRUE DO
! 利用 WHILE TRUE DO 死循环,目的是将初始化程序与机器人反复运动程序隔离
            rPick1;
! 调用拾取外工件子程序
            rPlaseHe;
! 调用放置子程序,进行外工件放置
            rPick;
! 调用拾取内工件子程序
            rPlaseHe;
! 调用放置子程序,进行内工件放置
            rhe;
! 调用夹持装配完成工件子程序,将装配好的工件夹持起来,等待放置到料仓
            TEST nCount
! 根据计数值选择对应料仓放置位置
                CASE 0,1,2:
                rPlase;
                CASE 3,4,5:
                rPlase1;
                CASE 6,7,8:
                rPlase2;
                DEFAULT:
                MoveJ pHome,v500,z100,tGripper\WObj:=wobj0;
! 机器人位置复位,回至原位 pHome
                Stop;
! 机器人停止运行,等待下一次启动
            ENDTEST
            WaitTime 0.3;
! 等待 0.3s
        ENDWHILE
    ENDPROC
```

4. 示教目标点

完成坐标系标定后，需要示教基准目标点。在此工作站中，需要示教原位点"pHome"、拾取外工件基准点"Pick1"、拾取内工件基准点"Pick2"、拾取工件装配放置点"Phe"、

夹持工件基准点"Pick3"、夹持放置基本点"Plase"。在例行程序中有两个专门用于示教基准目标点的程序 Path_10（）和 Path_20（），在程序编辑器菜单中找到该程序，如图 11-10 所示。

示教目标点时，需要注意，手动操作画面当前使用的工具和工件坐标系要与指令里面的参考工具和工件坐标系保持一致，否则会出现"选择的工具、工件错误"等警告。

示教 pHome 点使用 tGripper 和 Wobj0，如图 11-11 所示。

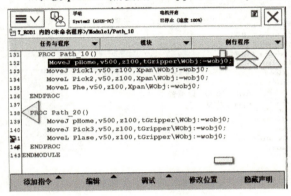

图 11-10 示教目标点程序

图 11-11 pHome 点的示教位置

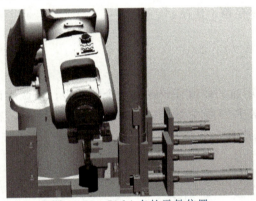

图 11-12 Pick1 点的示教位置

图 11-13 Pick2 点的示教位置

图 11-14 Phe 点的示教位置

图 11-15 Pick3 点的示教位置

移动到 Pick1 位置后将吸盘置为 1，如图 11-12 所示，控制吸盘将外工件拾取，其拾取位置如图 11-15 所示，同理完成其他各点的示教任务，如图 11-13~图 11-16 所示。

图 11-16　Plase 点的示教位置

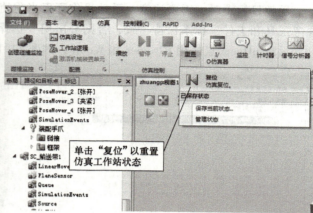

图 11-17　复位仿真工作站状态

完成示教基准点之后，将工作站复位，单击仿真播放按钮，查看工作站运行状态，如图 11-17 所示。查看运行状态是否正常，若正常则保存该工作站。

【知识拓展】

数组的应用

在定义程序数据时，可以将同种类型、同种用途的数值存放在同一个数据中，当调用该数据时需要写明索引号来指定调用的是该数据中的哪个数值，这就是所谓的数组。在 RAPID 中，可以定义一维数组、二维数组和三维数组。

（1）一维数组示例

```
VAR num reg1{3}:=[5, 7, 9];
! 定义一维数组 reg1
! reg2:=reg1{2};
! reg2 被赋值为 7
```

（2）二维数组示例

```
VAR num reg1{3,4}:=[[1,2,3,4], [5,6,7,8], [9,10,11,12]];
! 定义二维数组 reg1
reg2:=reg1{3,2};
! reg2 被赋值为 10
```

（3）三维数组示例

```
VAR num reg1{2,2,2}:=[[[1,2],[3,4]],[[5,6],[7,8]]];
！定义三维数组 reg1
reg2:=reg1{2,1,2};
！reg2 被赋值为 6
```

思考与练习

　　本工作站的难点在于如何规划机器人的运行轨迹，示例程序只提供了一种设计思路，读者可以尝试不同的方法来修改运行轨迹，在保证轨迹安全的前提下，尽量缩短机器人的运行路径，从而提高装配效率。

第四篇

工业机器人综合应用
（综合篇）

任务描述

　　本工作站以模拟工业机器人弧焊典型应用中的带变位机的复杂工件焊接为例，利用 IRB 120 搭配焊枪配合伺服电机变位机工作站，实现对带变位机的复杂工件焊接的模拟训练。本工作站还通过 RobotStudio 软件预置了动作效果，在此基础上实现 I/O 配置、程序数据创建、目标点示教、程序编写及调试，最终完成带变位机的复杂工件焊接应用程序的编写。通过本任务学习，使读者掌握工业机器人在带变位机的复杂工件焊接应用中的程序编写技巧。伺服电机变位机工作站布局如图 12-1 所示。

工作站介绍

　　变位机工作站套件主要包含一台伺服电机、变位机、支架、翻转机构、夹具等。工作时由 PLC 通过脉冲信号控制伺服驱动器对伺服电机进行驱动，电机运行带动翻转机构进行翻转，模拟工业机器人弧焊典型应用中的带变位机的复杂工件焊接。本任务可学习 PLC 对伺服的闭环控制，PLC 和机器人的联机控制，PLC、伺服、机器人的协同工作控制等。

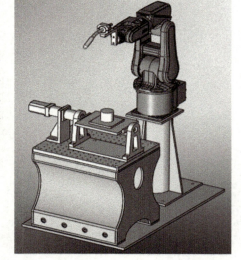

学习目标

1）掌握伺服电机与工业机器人的配合应用。
2）掌握 PLC 控制系统与工业机器人的配合应用。

图 12-1　伺服电机变位机工作站布局

任务实施

1. 工作站硬件配置

（1）安装工作站套件准备

1）打开模块存放柜找到伺服变位机套件，使用内六角扳手拆卸套件。

2）把套件放至钳工桌桌面，并选择焊枪夹具、夹具与机器人的连接法兰、安装螺钉（若干）、伺服电机编码器线缆、动力线。

3）选择合适型号的内六角扳手把托盘拆除。

（2）工作站安装

1）选择合适的螺钉，把套件安装至机器人操作对象承载平台的合理位置，且伺服电机与变位机构通过联轴器连接。注意保证两个机构的同轴度。

2）夹具安装：首先把夹具与机器人的连接法兰安装至机器人六轴法兰盘上，然后再把焊枪夹具固定至连接法兰上。

（3）工作站 I/O 信号电路连接

PLC 控制柜内的配线已经完成，更换不同工作站套件时只需根据工作站的 I/O 信号配置（见表 12-1）对处于机器人操作对象承载平台侧面的集成信号接线端子盒进行接线即可。

表 12-1　变位机工作站 I/O 表

工作站输入信号				
序号	PLC 地址	符号	注释	信号连接设备
1	X07	SC1 原点位置检测	伺服电机原点位置行程开关检测信号	集成接线端子盒（位于机器人工作台侧面）

注：PLC 控制柜内的配线已经完成，伺服驱动器 I/O 信号直接由 PLC 控制，集成信号接线端子盒只需连接原点位置检测传感器信号即可。

根据工作站 I/O 表，把工作站传感器与集成信号接线端子盒正确连接，如图 12-2 所示。

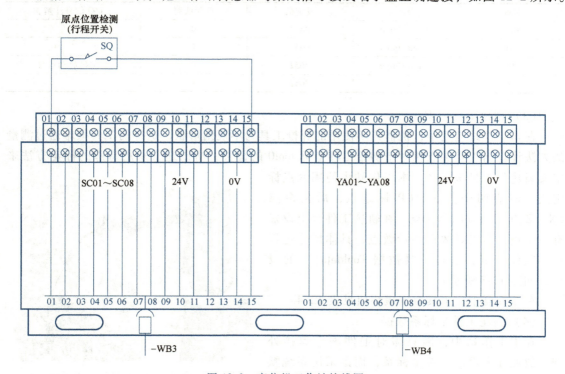

图 12-2　变位机工作站接线图

（4）控制柜模式选择

控制柜有演示模式和实训模式两种。变位机站工作站中，伺服电机不能由面板插线直接驱动，只能选择演示模式，由 PLC 驱动伺服电机。演示模式时，PLC 电器柜内所有配线已完成，控制柜面板模式选择开关选择"演示模式"。工作站 I/O 信号直接由 PLC 进行控制。PLC 直接控制伺服驱动器驱动伺服变位机工作。

2. 工作站仿真系统配置

（1）解压并初始化

（2）标准 I/O 板配置

将控制器界面语言改为中文并将运行模式转换为手动，之后依次单击"ABB 菜单"→"控制面板"→"配置"，进入"I/O 主题"，配置 I/O 信号。本工作站采用标配的 ABB 标准 I/O 板，型号为 DSQC 652（16 个数字输入，16 个数字输出），则需要在 DeviceNet Device 中设置此 I/O 单元的 Unit 相关参数，并在 Signal 中配置具体的 I/O 信号参数，配置见表 11-2 和表 11-3。

表 12-2 Unit 单元参数

参数名称	设定值	说明
Name	d652	设定 I/O 板在系统中的名字
Device Type	d652	设定 I/O 板的类型
Address	10	设定 I/O 板在总线中的地址

在此工作站中，配置了两个数字输入信号和两个数字输出用于相关动作的控制。

表 12-3 I/O 信号参数

名称	信号类型	设定值	单元映射	I/O 信号注解
DI0	Digital Input	d652	0	
DI1	Digital Input	d652	1	
DO0	Digital Output	d652	0	变位机启动信号
DO1	Digital Output	d652	1	

（3）创建工具数据

在本工作站应用中，机器人所使用的焊枪工具为不规则形状，这样的工具很难通过测量的方法计算出工具尖点相对于初始工具坐标 tool0 的偏移，所以通常采用特殊的标定方法来定义新建的工具坐标系。本工作站中使用六点标定法，即前四个点为 TCP 标定点，后两个点（X、Z 点）为方向延伸点，在轨迹工件台上设置有一尖点作为工具数据的示教点，具体操作过程请参照任务五，进行工具数据 Tooldata_1 的设定，如图 12-3 所示。

在示教器中，工具数据最终值见表 12-4。

（4）创建工件坐标系数据

在本工作站中，因只需对工件进行焊接处理，故此处未设定工件坐标系，而是采用系统默认的初始工件坐标系 Wobj0（此工作站的 Wobj0

图 12-3 机器人的工具坐标系 Tooldata_1

与机器人基坐标系重合）。

表 12-4 工具坐标系 Tooldata_1 数据

参数名称	参数数值
Tooldata_1	TRUE
trans	
X	-52.759
Y	-0.185
Z	320.543
rot	
q1	0.975926
q2	0
q3	0.258819
q4	0
mass	1
cog	
X	0
Y	0
Z	1

（5）创建载荷数据

在本工作站中，因焊枪工具较轻，故无须重新设定载荷数据。

（6）程序模板导入

I/O 配置完成后，将程序模板导入该机器人系统中，在示教器的程序编辑器中可进行程序模块的加载，依次单击"ABB 菜单"→"程序编辑器"，若出现加载程序提示框，则暂时单击"取消"，之后可在程序模块界面中进行加载。

浏览至前面所创建的备份文件夹，选择"MainModule.mod"，再单单击"确定"按钮，完成程序模板的导入。

3. 程序编写与调试

（1）工艺流程图

本工作站模拟工业机器人弧焊典型应用中的带变位机的复杂工件焊接，变位机由 PLC 控制的伺服电机驱动。在工作过程中，机器人和 PLC 需要进行信息沟通，如机器人请求变位机复位、置位，PLC 向机器人发出复位完成、置位完成信号等。伺服电机变位机工作站的控制流程图如图 12-4 所示。

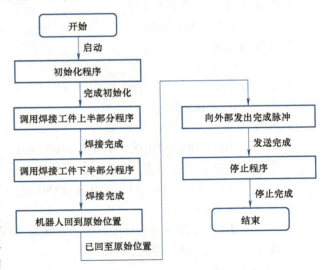

图 12-4 伺服电机变位机工作站的控制流程图

（2）程序编写

工作站程序主要由主程序、初始化子程序、焊接工件上半部分子程序、焊接工件下半部分程序组成。主程序如下：

```
        PROC main( )
    ! 主程序
                rInitAll;
    ! 调用初始化子程序,用于复位机器人位置、信号、数据等
                r1;
    ! 调用焊接工件上半部分子程序
                r2;
    ! 调用焊接工件下半部分子程序
                MoveJ phome,v500,z100,Tooldata_1\WObj：=wobj0;
    ! 机器人关节运动回到原始位置 phome
                PulseDO\PLength：=0.1，DO1;
    ! 向 DO1 发出一个脉冲,指示焊接操作完成,变位机回到原始位置
                Stop ;
    ! 停止程序
        ENDPROC
```

焊接过程中，机器人请求变位机复位、置位信号为DO1，为便于仿真，PLC向机器人发出复位完成、置位完成信号用延时代替。焊接工件上半部分子程序如下所示，下半部分子程序与上半部分子程序相似。

```
        ROC r1( )
    ! 焊接工件上半部分子程序
            VelSet 50，300;
    ! 设置速度比例
            Set DO0;
    ! 置位变位机
            WaitTime 2;
    ! 等待 2s
            MoveJ Offs(p10,0,0,100)，v100，fine，Tooldata_1\WObj：=Wobj0;
    ! 关节运动至 p10 点上方 100mm 处
            Movej p10,v100,z1,Tooldata_1\WObj：=wobj0;
    ! 关节运动至 p10 点
            MoveC p20,p30,v100,z100,Tooldata_1\WObj：=wobj0;
    ! 执行圆弧运动,进行焊接操作
        ENDPROC
```

4. 示教目标点

完成坐标系标定后，需要示教基准目标点。在此工作站中，需要示教原位 phome、焊接基准点 p10、p20、p30、p40、p50 等。在例行程序中有专门用于示教基准目标点的程序 Path_10（），在程序编辑器菜单中找到该程序，如图 12-5 所示。

示教目标点时，需要注意，手动操作画面当前使用的工具和工件坐标系要与指令里面的参考工具和工件坐标系保持一致，否则会出现"选择的工具、工件错误"等警告。phome 点的示教位置如图 12-6 所示。

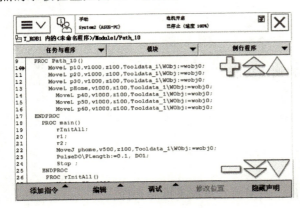

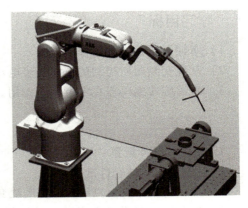

图 12-5　示教目标点程序　　　　　　　图 12-6　phome 点的示教位置

手动状态下将主程序逐步运行到 p10、p20、p30、p40、p50 等位置后选择"修改位置"，将当前位置存储到对应的位置数据存储器里，即完成相应点的示教任务。具体示教过程请参照前面相关任务。

完成示教基准点后，将工作站复位，单击仿真播放按钮，查看工作站运行状态，若正常则保存该工作站。

思考与练习

本工作站的难点在于如何规划机器人的运行轨迹，示例程序只提供了一种设计思路，读者可以尝试不同的方法来修改运行轨迹，在保证轨迹安全的前提下，尽量缩短机器人的运行路径，从而提高装配效率。

任务十三　自动生产线工作站安装与调试

任务描述

本工作站以自动生产线上工业机器人的典型应用为例，利用 IRB 120 搭配专用工件夹具实现在自动生产线上搬运物品的过程。本工作站中还通过 RobotStudio 软件预置了动作效果，在此基础上实现 I/O 配置、程序数据创建、目标点示教、程序编写及调试，最终完成自动生产线上工业机器人搬运物品程序的编写。通过本章学习，使读者掌握工业机器人在自动生产线上应用的程序编写技巧。自动生产线工作站布局如图 13-1 所示。

工作站介绍

　　自动生产线工作站包含供料单元、同步输送带、变频器、三相异步电动机、码垛工作台等，且三相异步电动机侧轴装有旋转编码器，便于对电机闭环控制，可精确定位物料的位置。

　　工作时，控制系统控制供料单元进行供料、推料至输送带，待物料输送至输送线末端时，机器人进行物料分拣码垛工作。

　　该站主要用于模拟生产线的码垛综合应用，也可自由搭配，作为模拟物流分拣工作站。

 学习目标

　　1）掌握同步输送带的控制方法。

　　2）掌握变频器所控制的三相异步电动机调速功能。

　　3）掌握旋转编码器在定位中的作用。

 任务实施

1. 工作站硬件配置

（1）安装工作站套件准备

1）打开模块存放柜找到自动生产线套件，使用内六角扳手拆卸套件。

2）把套件放至钳工桌桌面，并选择吸盘夹具、夹具与机器人的连接法兰、安装螺钉（若干）、三相异步电动机动力线。

3）选择合适型号的内六角扳手把托盘拆除；

（2）工作站安装

1）选择合适的螺钉，把套件安装至机器人操作对象承载平台的合理位置。

2）夹具安装：首先把夹具与机器人的连接法兰安装至机器人六轴法兰盘上，然后再把吸盘夹具固定至连接法兰上，如图 13-2 所示。

（3）工作站 I/O 信号电路连接

图 13-1　自动生产线工作站布局

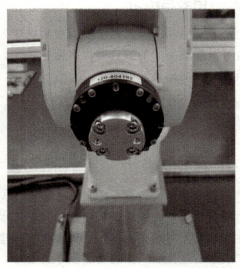

图 13-2　自动生产线六轴法兰盘安装

PLC 控制柜内的配线已经完成，更换不同工作站套件时只需根据工作站的 I/O 信号配置（见表 13-1）对处于机器人操作对象承载平台侧面的集成信号接线端子盒进行接线即可。

表 13-1　自动生产线工作站 I/O 表

工作站输入信号				
序号	PLC 地址	符号	注释	信号连接设备
1	X07	SC1 顶料气缸后限位	落料机构传感器信号	集成接线端子盒（位于机器人工作台侧面）
2	X10	SC2 推料气缸后限位		
3	X11	SC3 落料检测		
4	X12	SC4 夹料位检测	输送带末端物料检测信号	
工作站输出信号				
序号	PLC 地址	符号	注释	信号连接设备
1	Y15	YA01 顶料气缸电磁阀	落料机构气缸电磁阀信号	集成接线端子盒（位于机器人工作台侧面）
2	Y16	YA02 推料气缸电磁阀		

注：PLC 控制柜内的配线已经完成，变频器信号直接由 PLC 控制，集成信号接线端子盒只需连接工作站上的传感器及执行气缸电磁阀信号即可。

根据工作站 I/O 表，把工作站传感器与集成信号接线端子盒正确连接，如图 13-3 所示。

（4）控制柜模式选择

控制柜有演示模式和实训模式两种。自动生产线工作站中的三相异步电机不能由面板插线直接驱动，只有选择演示模式时，由 PLC 驱动变频器控制电机。

2．工作站仿真系统配置

（1）解压并初始化

（2）标准 I/O 板配置

将控制器界面语言改为中文并将运行模式转换为手动，之后依次单击"ABB 菜单"→"控制面板"→"配置"，进入"I/O 主题"，配置 I/O 信号。本工作站采用标配的 ABB 标准 I/O 板，型号为 DSQC 652（16 个数字输入，16 个数字输出），则需要在 DeviceNet Device 中设置此 I/O 单元的 Unit 相关参数，并在 Signal 中配置具体的 I/O 信号参数，配置见表 13-2 和表 13-3。

表 13-2　Unit 单元参数

参数名称	设定值	说明
Name	d652	设定 I/O 板在系统中的名字
Device Type	d652	设定 I/O 板的类型
Address	10	设定 I/O 板在总线中的地址

表 13-3　I/O 信号参数

Name	Type of Signal	Assigned to Unit	Unit Mapping	I/O 信号注解
di_InBoxPos	Digital Input	d652	1	
do_tGripper	Digital Output	d652	1	工件拾取动作
do_InFeedr	Digital Output	d652	2	输送带进料信号

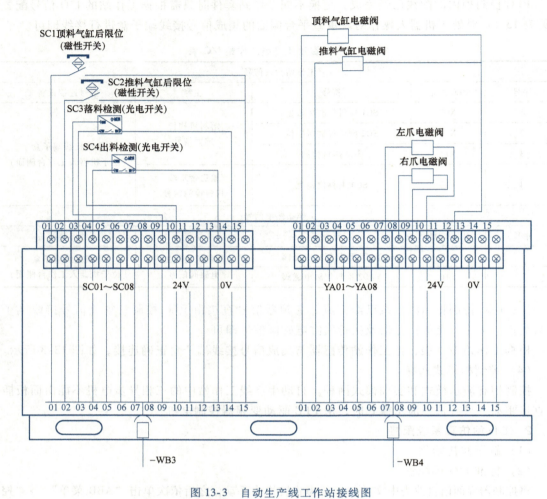

图 13-3 自动生产线工作站接线图

在此工作站中，配置了两个数字输入信号和四个数字输出用于相关动作的控制。

（3）创建工具数据

此工作站中，工具部件主要是两个吸盘组成的工具套件，此工具部件较为规整。本工作站以一个吸盘为中心设置工具数据，该数据可以通过直接测量出数值进行创建，此处新建的吸盘工具坐标系相对于 tool0 沿着其 Z 轴正方向偏移 66mm，沿着其 X 轴正方向偏移 84mm，新建吸盘工具坐标系的方向沿用 tool0 方向，如图 13-4 所示。

在示教器中，编辑工具数据，确认各项数值，具体见表 13-4。

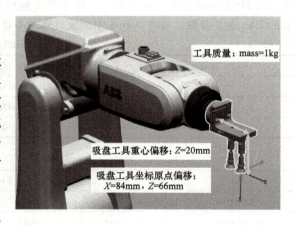

图 13-4 机器人的工具坐标系

表 13-4 工具数据的参数设定

参数名称	参数数值
tGripper	TRUE
trans	
X	84
Y	0
Z	66
rot	
q1	1
q2	0
q3	0
q4	0
mass	1
cog	
X	0
Y	0
Z	20
其余参数均为默认值	

（4）创建工件坐标系数据

本工作站属于搬运类操作，需要预先设置放置工件的码垛工作台工件坐标系。这样当发现工件整体偏移以后，只需要重新标定工件坐标系即可完成调整。在此工作站中，所需创建的工件坐标系如图 13-5 所示。

在图 13-5 中，根据 3 点法，依次移动机器人至 X1、X2、Y1 点并记录，则可自动生成工件坐标系统 Wobj_1。在标定工件坐标系时，要合理选取 X、Y 轴的方向，以保证 Z 轴方向便于编程使用。X、Y、Z 轴方

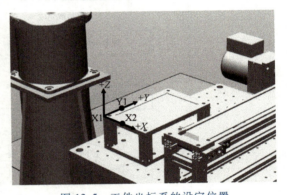

图 13-5 工件坐标系的设定位置

向符合笛卡尔坐标系，即可使用右手来判定，如图中+X、+Y、+Z 所示。在本工作站中，将工件坐标系建立在码垛工作台上，方便拾取工件后的放置位置坐标的确定。

（5）创建载荷数据

在本工作站中，因搬运物件较轻，故无须重新设定载荷数据。

（6）程序模板导入

I/O 配置完成后，将程序模板导入该机器人系统中，在示教器的程序编辑器中可进行程序模块的加载，依次单击"ABB 菜单"→"程序编辑器"，若出现加载程序提示框，则暂时单击"取消"按钮，之后可在程序模块界面中进行加载。

浏览至前面所创建的备份文件夹，选择"MainModule.mod"，再单击"确定"按钮，完成程序模板的导入。

3. 程序编写与调试

（1）工艺流程图

本工作站工作时，PLC 控制器控制供料单元进行供料、推料至输送带，待物料输送至输送带末端时，机器人进行物料分拣码垛工作。自动生产线工作站的控制流程图如图 13-6 所示。

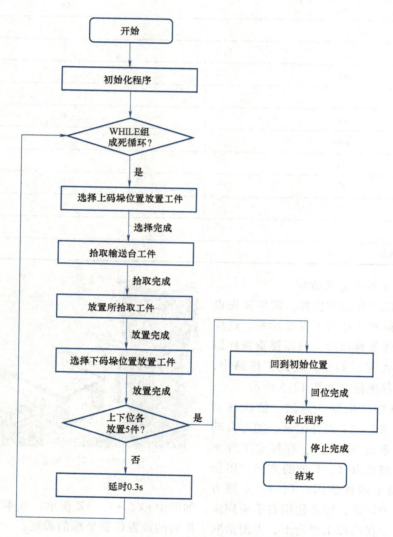

图 13-6　自动生产线工作站的控制流程图

（2）程序编写

工作站程序主要由主程序、初始化子程序、输送带拾取工件程序 1（rPick）、码垛工作台上部放置工件子程序（rPlase）、输送带拾取工件程序 2（rPick1）、码垛工作台下部放置工件子程序（rPlase1）组成。主程序如下：

```
PROC main( )
        rInitAll;
! 调用初始化子程序,用于复位机器人位置、信号、数据等
        WHILE TRUE DO
! 利用 WHILE TRUE DO 死循环,目的是将初始化程序与机器人反复运动程序隔离
            TEST nCount
! 根据计数值选择对应码垛工作台工件放置位置
            CASE 0,1,2,3,4,5:
            rPick;
            rPlase;
            DEFAULT:
            ENDTEST
            TEST nCount1
            CASE 0,1,2,3,4,5:
            rPick1;
            rPlase1;
            DEFAULT:
            ENDTEST
            IF nCount = 5 AND nCount1 = 5 THEN
                MoveJ pHome,v1000,z100,tGripper\WObj: = wobj0;
                Stop;
            ENDIF
            WaitTime 0.3;
        ENDWHILE
ENDPROC
```

完整程序参考 "13_ZDSCX. rapag" 文件中的程序。

4. 示教目标点

完成坐标系标定后，需要示教基准目标点。在此工作站中，需要示教原位 "pHome"、拾取工件基准点 "pPick"、放置工件基准点 1 "pPlase1"。在例行程序中有两个专门用于示教基准目标点的程序 rModPos（ ）和 Path_10（ ），在程序编辑器菜单中找到该程序，如图 13-7 所示。

示教目标点时，需要注意，手动操作画面当前使用的工具和工件坐标系要与指令里面的参考工具和工件坐标系保持一致，否则会出现 "选择的工具、工件错误" 等警告。

示教 pHome 使用 tGripper 和 Wobj0，如图 13-8 所示。

移动到 pPick 位置后将吸盘置位为 1，控制吸盘将外工件拾取，其拾取位置如图 13-9 所示，同理完成 pPlase1 点的示教任务，如图 13-10 所示。

完成示教基准点后，将工作站复位，单击仿真播放按钮，查看工作站运行状态，若正常则保存该工作站。

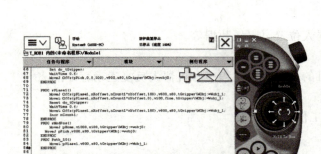

图 13-7　示教目标点程序

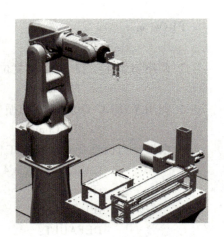

图 13-8　pHome 点的示教位置

图 13-9　pPick 点的示教位置

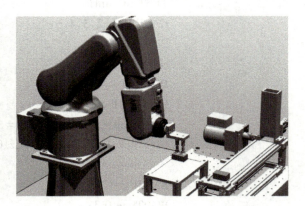

图 13-10　pPlase1 点的示教位置

思考与练习

1）练习设定自动生产线常用的 I/O 配置。

2）练习自动生产线工件数据的创建。

3）尝试多工位自动生产线搬运程序的编写。

任务十四　　工业机器人弧焊设备安装与调试

本任务选择了 YL-399A 型工业机器人实训考核装备，它是典型的工业机器人弧焊设备。通过本任务的学习，掌握弧焊常用参数设置、软件设定、弧焊程序的编程与调试。

工作任务

利用 YL-399A 型工业机器人实训考核装备焊接如图 14-1 所示的工件。

焊接工作由 PLC 远程控制完成。设备启动前要满足如下条件：机器人选择自动模式、

图 14-1　焊接任务

安全光幕没有报警、机器人没有急停报警等。满足条件时（即设备就绪）黄色警示灯常亮，否则黄色警示灯以 1Hz 频率闪烁。系统没有就绪，须按复位按钮进行复位。设备就绪后，按下启动按钮，系统运行，机器人程序启动，警示灯黄灯、绿灯常亮。

　　机器人在运行过程中，若按下暂止按钮，机器人应暂停运行，且绿色警示灯以 1HZ 频率闪烁，再次按下启动按钮，机器人继续运行，绿色警示灯常亮。

　　机器人在运行过程中，若安全光幕动作，机器人应暂停运行，且警示灯绿灯、红灯以 1HZ 频率闪烁。须按下复位按钮清除安全光幕报警信号。报警清除后红色警示灯熄灭，这时按下启动按钮，机器人继续运行，绿色警示灯常亮。

　　机器人在运行过程中，若急停按钮动作，系统应立即停止运行，同时绿色警示灯熄灭。系统急停后须按复位按钮，清除机器人急停信号。为了安全考虑，急停信号清除后，操作机器人示教器，使机器人回到工作原点。机器人回到工作原点后，系统才可以再次启动。

硬件配置

　　亚龙 YL-399A 型工业机器人实训考核装备由 PLC 控制柜、ABB 机器人系统、机器人安装底座、焊接系统、除烟系统、警示灯、按钮盒等组成，如图 14-2 所示。

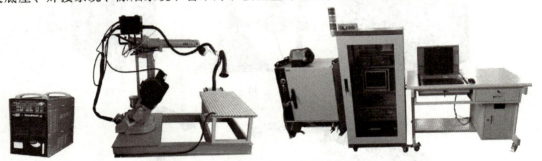

图 14-2　亚龙 YL-399A 型工业机器人实训考核装备

1. PLC 控制柜

　　YL-399A 实训设备的 PLC 程控柜用来安装断路器、PLC、触摸屏、开关电源、熔丝、接线端子、变压器等元器件。PLC 程控柜内部图如图 14-3 所示。PLC 采用的是合信的 CPU 126 AC/DC/RLY PLC 和 EM131 AI4×12bit 模块作为中央控制单元。

2. ABB 机器人系统

YL-399A 实训设备的 ABB 机器人系统包括 IRB 1410 机器人、IRC 5 机器人控制器和示教器等，如图 14-4 所示。

3. 焊接和除烟系统

YL-399A 实训设备的焊接系统，它主要由奥太 Pulse MIG-350 焊机、送丝机、焊枪、工业液体 CO_2 等构成，是焊接系统的重要组成部分。另配除烟系统，有效地减少对环境的烟尘排放，能有效防止焊接废气对人体的伤害，具体如图 14-5 所示。

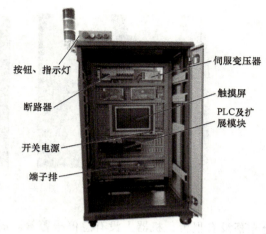

图 14-3　PLC 程控柜

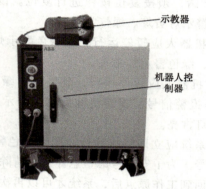
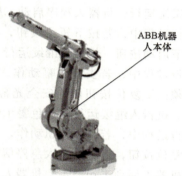

图 14-4　YL-399A 设备 ABB 机器人系统

a)　　　　　　　　b)　　　　　　　　c)

d)　　　　　　　　e)

图 14-5　焊接系统主要部件

a) 送丝机　b) 工业液体 CO_2　c) 焊机　d) 焊枪　e) 除烟机

焊机操作

1. Pulse MIG-350 焊机介绍

Pulse MIG-350 焊机前后面板接口如图 14-6 所示。焊机的控制面板用于焊机的功能选择和部分参数设定。焊机控制面板包括数字显示窗口、调节旋钮、按键、发光二极管指示灯，如图 14-7 所示，各序号含义见表 14-1。

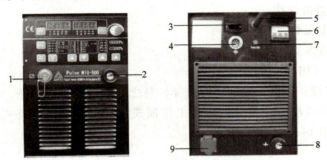

图 14-6　前后面板接口含义

1—外设控制插座 X3　2—焊机输出插座（-）　3—程序升级下载口 X4　4—送丝机控制插座 X7

5—输入电缆　6—空气开关　7—熔丝管　8—焊机输出插座（+）　9—加热电源插座 X5

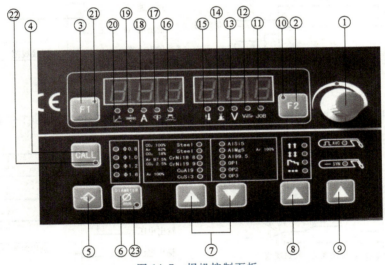

图 14-7　焊机控制面板

表 14-1　控制面板参数含义

序号	含义	序号	含义	序号	含义
①	调节旋钮,调节各参数值	⑨	焊接方式选择键	⑰	送丝速度指示灯
②	参数选择键〈F2〉	⑩	〈F2〉键选中指示灯	⑱	焊接电流指示灯
③	参数选择键〈F1〉	⑪	作业号 n0 指示灯	⑲	母材厚度指示灯
④	调用键	⑫	焊接速度指示灯	⑳	焊角指示灯
⑤	存储键	⑬	焊接电压指示灯	㉑	〈F1〉键选中指示灯
⑥	焊丝直径选择键	⑭	弧长修正指示灯	㉒	调用作业模式工作指示灯
⑦	焊丝材料选择键	⑮	机内温度指示灯	㉓	隐含参数菜单指示灯
⑧	焊接方式选择键	⑯	电弧力/电弧挺度		

2．焊机的操作

Pulse MIG-350 焊机具有脉冲和恒压两种输出特性。脉冲特性可实现碳钢及不锈钢、铝及其合金、铜及其合金等有色金属的焊接，恒压特性可实现碳钢和不锈钢纯 CO_2 气体及混合气体保护焊。

1）焊接方式选择：按下按键⑨进行选择，与之相对应的指示灯亮。

-P-MIG：脉冲焊接。

-MIG：一元化直流焊接。

-STICK：焊条电弧焊。

-TIG：钨极氩弧焊。

-CAC-A：碳弧气刨。

2）工作模式选择：按下按键⑧进行选择，与之相对应的指示灯亮。

主要工作模式有两步工作模式、四步工作模式、特殊四步工作模式、点焊工作模式四种，各工作参数如图 14-8～图 14-11 所示。

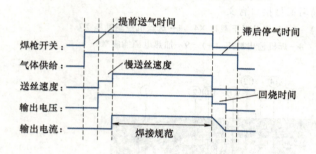

图 14-8　两步工作模式

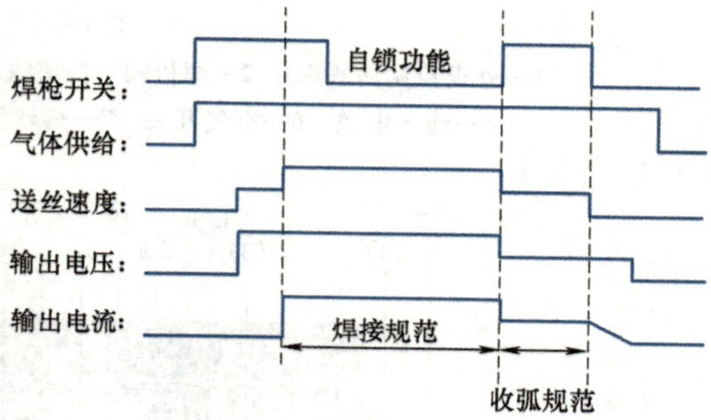

图 14-9　四步工作模式

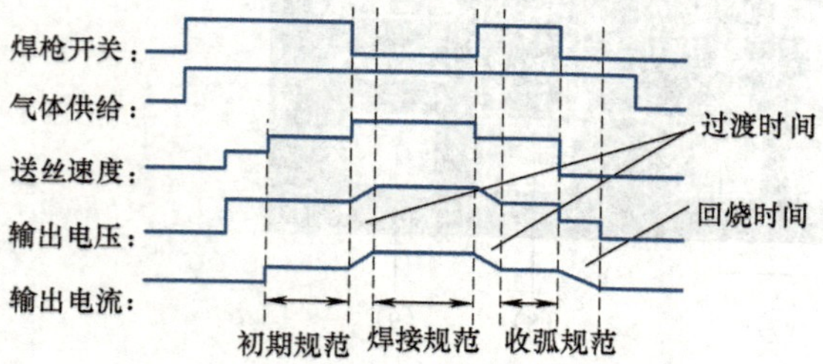

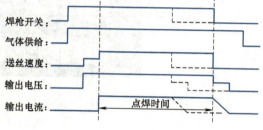

图 14-10　特殊四步工作模式

图 14-11　点焊工作模式

3）保护气体及焊接材料选择：按下按键⑦进行选择，与之相对应的指示灯亮。

4）焊丝直径选择：按下按键⑥进行选择，与之相对应的指示灯亮。

--$\phi0.8$　　　--$\phi1.0$

--$\phi1.2$　　　--$\phi1.6$

注意，根据要求完成以上选择；通过送丝机上电流调节旋钮可预置所需的电流值；将送丝机上电压调节旋钮调到标准位置后可进行焊接；最后根据实际焊接弧长微调电压旋钮，使电弧处在焊接过程中稍微夹杂短路的声音，可达到良好的焊接效果。

3. 参数菜单设置

进出隐含参数菜单及参数项调节，同时按下存储键⑤和焊丝直径选择键⑥并松开，隐含参数菜单指示灯亮，表示已进入隐含参数菜单调节模式。再次按下存储键⑤退出隐含参数菜单调节模式，隐含参数菜单指示灯灭。用焊丝直径选择键⑥选择要修改的项目。用调节旋钮①调节要修改的参数值。其中，P05、P06 项可用〈F2〉键切换至显示电流百分数、弧长偏移量，并可用调节旋钮①修改对应的参数值。操作步骤如图 14-12 所示。

注意，按下调节旋钮①约 3s，焊机参数将恢复出厂设置，见表 14-2。

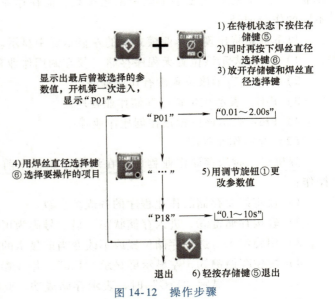

图 14-12　操作步骤

表 14-2　焊机主要参数设置

内容	设置值	说明	内容	设置值	说明
焊丝直径/mm	1.2		操作方式	两步	
焊丝材料和保护气体	$CO_2$100%		恒压		一元化直流焊接
	碳钢				
按参数键〈F1〉选择如下参数设置			按参数键〈F2〉选择如下参数设置		
板厚/mm	2		作业号 n	1	
焊接电流/A	110		焊接电压/V	20.5	
送丝速度/(mm/s)	2.5		焊接速度/(cm/min)	60	
电弧力/电弧挺度	5	-=电弧硬而稳定 0=中等电弧 +=电弧柔和,飞溅小	弧长修正	0.5	-=弧长变短 0=标准弧长 +=弧长变长

隐含参数设置					
项目	用途	设定范围	出厂设置	实际设置	说明
P01	回烧时间	0.01~2.00s	0.08	0.05	如果焊接电压和电流机器人给定,则设置为 0.3
P09	近控有无	OFF/ON	OFF	ON	OFF 表示焊接规范由送丝机调节旋钮确定;ON 表示焊接规范由显示板调节旋钮确定
P10	P10 水冷选择		ON	OFF	选择 OFF 时,无水冷机或水冷机不工作,无水冷保护;选择 ON 时,水冷机工作,水冷机工作不正常时有水冷保护

4. 作业与焊接

（1）作业模式

作业模式在半自动及全自动焊接中都能提高焊接工艺质量。平常，一些需要重复操作的作业（工序）往往需要手工记录工艺参数。而在作业模式下，可以存储和调取多达100个不同的作业记录。

以下标志将出现在作业模式下的左显示屏中显示。

1）---：表示该位置无程序存储（仅在调用作业程序时出现，否则将显示nPG）。

2）nPG：表示该位置没有作业程序。

3）PrG：表示该位置已存储作业程序。

4）Pro：表示该位置正在创建作业程序。

（2）存储作业程序

焊机出厂时未存储作业程序，在调用作业程序前，必须先存储作业程序。按以下步骤操作：

1）设定好要存储的作业程序的各规范参数。

2）轻按存储键⑤，进入存储状态。显示号码为可以存储的作业号。

3）用旋钮①，选择存储位置或不改变当前显示的存储位置。

4）按住存储键⑤，左显示屏显示"Pro"，作业参数正在存入所选的作业号位置。

5）左显示屏显示"PrG"时，表示存储成功。此时即可松开存储键⑤，再轻按存储键⑤，退出存储状态。

注意，如果所选作业号位置已经存有作业参数，则会被新存入的参数覆盖，并且该操作无法恢复。

（3）存储作业程序

存储以后，所有作业都可在作业模式再次被调用。若要调用作业，可按以下步骤进行：

1）轻按调用键④，调用作业模式指示灯㉒亮。显示最后一次调用的作业号，可以用参数选择键②和③查看该作业的程序参数。所存作业的操作模式和焊接方法也会同时显示。

2）用旋钮①选择调用作业号。

（4）焊接方向和焊枪角度

焊枪向焊接行进方向倾斜0°~10°时的溶接法（焊接方法）称为"后退法"（与手工焊接相同）。焊枪姿态不变，向相反方向行进焊接的方法称为"前进法"。一般而言，使用"前进法"焊接，气体保护效果较好，可以一边观察焊接轨迹，一边进行焊接操作，因此，生产中多采用"前进法"进行焊接。焊接方向与焊枪角度如图14-13所示。

（5）双脉冲功能

双脉冲焊在单脉冲焊基础上加入低频调制脉冲，低频脉动频率范围为0.5~5.0Hz。与单脉冲相比，双脉冲的优点为：无须焊工摆动，焊缝自动成鱼鳞状，且鱼鳞纹的疏密、深浅可调；能够更加精确地控制热输入量；低电流期间，冷却熔池，减小工件变形，减少热裂纹倾向；同时能周期性地搅拌熔池，细化晶粒，氢等气体易从熔池中析出，减少气孔，降低焊接缺陷。双脉冲参考波形如图14-14所示。

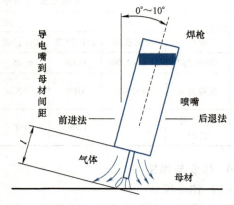

图14-13 焊接方向与焊枪角度

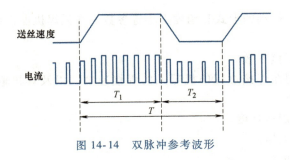

图 14-14　双脉冲参考波形

ABB软件焊接配置

1. I/O 配置

弧焊应用中，I/O 信号需与 ABB 弧焊软件的相关端口进行关联，因此需要首先定义 I/O 信号，信号关联后，弧焊系统会自动地处理关联好的信号。在进行弧焊程序编写与调试时，就可以通过弧焊专用的 RAPID 指令简单高效地对机器人进行弧焊连接工艺的控制，表 14-3 所示就是关联的信号。

表 14-3　弧焊关联的信号

I/O 口名称	参数类型	参数名称	I/O 信号注解
Ao01Weld_REF	Arc Equipment Analogue Output	VoltReference	焊接电压控制模拟信号
Ao02Feed_REF	Arc Equipment Analogue Output	CurrentReference	焊接电流控制模拟信号
Do01WeldOn	Arc Equipment Digital Output	WeldOn	焊接启动数字信号
Do02 GasOn	Arc Equipment Digital Output	GasOn	打开保护气数字信号
Do03 FeedOn	Arc Equipment Digital Output	FeedOn	送丝信号
Di01 ArcEst	Arc Equipment Digital Input	ArcEst	起弧检测信号
Di02 GasOk	Arc Equipment Digital Input	GasOk	保护气检测信号
Di03 FeedOk	Arc Equipment Digital Input	WirefeedOk	送丝检测信号

这些信号在 ABB 主界面中，选择"控制面板"→"配置"→"I/O"（见图 14-15）→主题"PROC"（见图 14-16），对参数进行设定，完成后重启系统使参数生效。

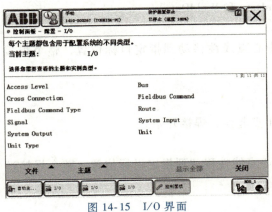

图 14-15　I/O 界面

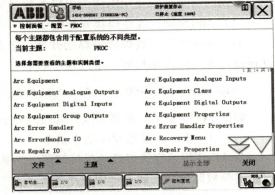

图 14-16　PROC 界面

2. 弧焊常用程序数据

在弧焊的连续工艺过程中，需要根据材质或焊缝的特性来调整焊接电压或电流的大小，或焊枪是否需要摆动，摆动的形式和幅度大小等参数。在弧焊机器人系统中，用程序数据来控制这些变化的因素。

（1）WeldData：焊接参数

焊接参数用来控制在焊接过程中机器人的焊接速度，以及焊机输出的电压和电流的大小。需要设定如下参数。

1）Weld_Speed：焊接速度。

2）Voltage：焊接电压。

3）Current：焊接电流。

（2）SeamData：起弧/收弧参数

起弧/收弧参数是控制焊接开始前和结束后的吹保护气的时间长度，以保证焊接时的稳定性和焊缝的完整性。需要设定如下参数。

1）Purge_time：清枪吹气时间。

2）Preflow_time：预吹风时间。

3）Postflow_time：尾气吹气时间。

（3）WeaveData：摆弧参数

摆弧参数是控制机器人在焊接过程中焊枪的摆动，通常在焊缝的宽度超过焊丝直径较多时通过焊枪的摆动去填充焊缝。该参数属于可选项，如果焊缝宽度较小，则在机器人线性焊接可以满足的情况下可不选用该参数。需要设定如下参数。

1）Weave_shape：摆动的形状。

2）Weave_type：摆动的模式。

3）Weave_length：一个周期前进的距离。

4）Weave_width：摆动的宽度。

5）Weave_height：摆动的高度。

3. 弧焊常用指令

任何焊接程序都必须以 ArcLStart 或 ArcCStart 开始，通常用 ArcLStart 作为起始语句；任何焊接过程都必须以 ArcLEnd 或 ArcCEnd 结束；焊接中间点用 ArcL 或 ArcC 语句；焊接过程中，不同的语句可以使用不同的焊接参数（SeamData 和 WeldData）。

（1）ArcLStart：线性焊接开始指令

ArcLStart 用于直线焊缝的焊接开始，工具中心点线性移动到指定目标位置，整个焊接过程通过参数监控和控制。示例程序如下：

```
ArcLStart   p1,v100,seam1,weld5,fine,gun1;
```

如图 14-17 所示，机器人线性焊接运行到 p1 点起弧，焊接开始。

（2）ArcLEnd：线性焊接结束指令

ArcLEnd 用于直线焊缝的焊接结束，工具中心点线性移动到指定目标位置，整个焊接过程通过参数监控和控制。示例程序如下：

```
ArcLEnd   p2,v100,seam1,weld5,fine,gun1;
```

如图 14-17 所示，机器人线性焊接运行到 p2 点收弧，焊接结束。

（3）ArcL：线性焊接指令

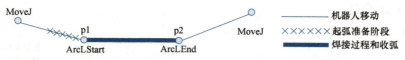

图 14-17 ArcLStart、ArcLEnd 指令工作示意图

ArcL 用于直线焊缝的焊接，工具中心点线性移动到指定目标位置，焊接过程通过参数控制。示例程序如下：

ArcL *,v100,seam1,weld5\Weave:= Weave1,z10,gun1;

如图 14-18 所示，机器人线性焊接部分应使用 ArcL 指令。

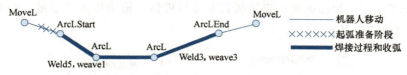

图 14-18 ArcL 指令工作示意图

（4）ArcCStart：圆弧焊接开始指令

ArcCStart 用于圆弧焊缝的焊接开始，工具中心点圆周运动到指定目标位置，整个焊接过程通过参数监控和控制。示例程序如下：

ArcCStart p1,p2,v100,seam1,weld5,fine,gun1;

如图 14-19 所示，机器人从 p1 点圆弧焊接到 p2 点，p2 是任意设定的过渡点。

（5）ArcCEnd：圆弧焊接结束指令

ArcCEnd 用于圆弧焊缝的焊接结束，工具中心点圆周运动到指定目标位置，整个焊接过程通过参数监控和控制。示例程序如下：

ArcCEnd p2,p3,v100,seam1,weld5,fine,gun1;

如图 14-19 所示，机器人从 p2 点继续圆弧焊接到 p3 点结束，p2 只是 ArcCStart 指令任意设定的过渡点。

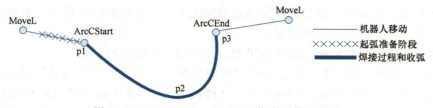

图 14-19 ArcCStart 、ArcCEnd 指令工作示意图

（6）ArcC：圆弧焊接指令

ArcC 用于圆弧焊缝的焊接，工具中心点线性移动到指定目标位置，焊接过程通过参数控制。示例程序如下：

ArcC *, * ,v100,seam1,weld5\Weave:= Weave1,z10,gun1;

如图 14-20 所示，机器人圆弧焊接的不规则多段部分应使用 ArcC 指令，并可以多设置与 p2 点类似的过渡点。

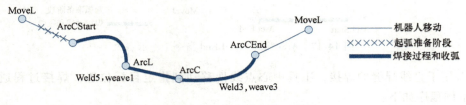

图 14-20　ArcC 指令工作示意图

4. 焊接电流和焊接弧长电压的校正

正常情况下，焊机焊接电流、焊接弧长电压与机器人输出焊接模拟量（电压范围为 0～10V）的关系如图 14-21 所示。

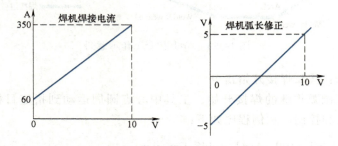

图 14-21　焊机参数与机器人输出电压关系对应图

实际上，量程对应关系和图 14-21 所示会有偏差，因此如果焊接规范由机器人确定，为了更加精确地控制焊接电压和焊接电流，则需要对焊接弧长电压（0～10V）和焊接电流（0～10A）的模拟量量程进行矫正。

说明：

1）实际上在远程模式下，机器人的焊接电压和焊接电流模拟量信号连接送丝机，送丝机再连接到焊机。

2）焊机的焊接电压=初始焊接电压（当弧长电压为 0V 时）+弧长电压。

弧长初始电压在板厚、焊接速度等确定的情况下，只和焊接电流有关。先校正焊接电流模拟量，再校正焊接弧长电压模拟量。

模拟量校正以焊接电流模拟量为例说明。按照如下步骤进行校正：

1）单击"ABB"进入主界面，选择"控制面板"→"配置"→"Singal"→"添加"，焊接电流模拟量名称"AO10_2CurrentReference"（焊接电流是 D651 模块第二路模拟量输出，弧长电压是第二路输出，名称可以修改），双击进入参数设置界面，如图 14-22 所示。

2）可以修改 Dafault Value（设置焊机输出电压的默认值，此值必须大于等于 Minimum Logical Value）、Maximum Logical Value（焊机最大的电流输出值）、Maximum Physical Value（焊机输出最大电流时所对应的控制信号的电压值）、Maximum Physical Value Limit（I/O 板最大输出值）、Maximum Bit Value（最大逻辑位值），分别设置为 16～31、10、10、10、65535，其他参数都设置为 0。设置完成后，单击"确定"按钮退出参数修改界面，根据提示重启系统。

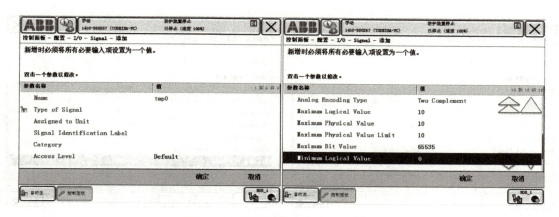

图 14-22　添加焊接电流模拟量参数

3）返回 ABB 主界面，选择"输入输出"→"视图"→"全部信号"（见图 14-23），选择信号"AO10_2CurrentReference"，单击"123"，出现如图 14-24 所示的窗口，可在窗口中输入数据。更改数据时，焊机上显示的焊接电流是跟着变化的。焊机最小焊接电流为 60A，最大焊接电流为 350A。从小到大更改 AO10_2CurrentReference 的数值，找焊接电流分别为 60、350 时对应的 AO10_2CurrentReference 的值，并记录下来，即 1.55 和 9.1。由此计算出：

Minmum Bit Value = $1.55 \times 65535 / 10 = 10158$

Maximum Bit Value = $9.1 \times 65535 / 10 = 59637$

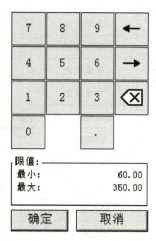

图 14-23　添加后的参数列表　　　图 14-24　设定最大值和最小值

4）根据上面校正的结果，修改信号 AO10_2CurrentReference 的参数，结果如图 14-25 所示，修改完成后系统重启。

5）再次进入"输入输出"界面给信号 AO10_2CurrentReference 赋值，观察焊机上显示的焊接电流和机器人示教器上的是否一致。例如，输入 80，200，焊机上的焊接电流是否也显示为 80，200。一般误差不会大于 1，说明校正非常成功。

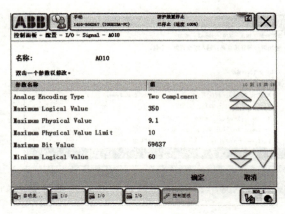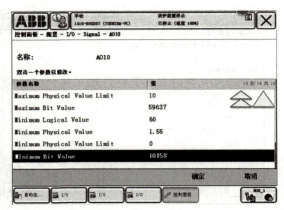

图 14-25　AO10_2CurrentReference 修正结果

任务实施

1. PLC 及机器人 I/O 信号配置

除了需要完成焊接软件中信号的配置外，对 PLC 信号及机器人 I/O 信号还需要进行配置。表 14-4 给出了 PLC 的 I/O 表定义，表 14-5 给出了 PLC 和机器人的联络信号定义。

表 14-4　PLC 的 I/O 定义

序号	符号	地址	注释	信号连接设备
1	启动按钮	I0.0		按钮盒
2	暂停按钮	I0.1		
3	急停按钮	I0.2	1=正常,0=急停动作	
4	复位按钮	I0.3		
5	自动状态	I0.4		机器人 I/O 板 DSQC 651
6	电机使能开始	I0.5		
7	焊接完成	I0.7		
8	机器人急停输入	I1.0	1=正常,0=急停动作	机器人安全板
9	光幕报警	I1.3	0=正常,1=光幕动作	安全光幕
10	绿色警示灯	Q0.0		警示灯
11	黄色警示灯	Q0.1		
12	红色警示灯	Q0.2		
13	机器人电机使能	Q0.3	上升沿有效	机器人 I/O 板 DSQC 651
14	机器人开始	Q0.4	上升沿有效	
15	机器人暂停	Q0.6	上升沿有效	
16	机器人急停复位	Q1.0	上升沿有效	
17	机器人急停	Q1.3	电平信号	机器人安全板

表 14-5　PLC 和机器人的联络信号定义

机器人系统关联信号	机器人信号名称	PLC 地址	PLC 符号	说　　明
Auto On	DO10_1	I0.4	自动状态	1＝自动模式,0＝手动模式
MotoOnState	DO10_2	I0.5	电机已使能	1＝机器人电机已使能,脉冲串＝机器人电机无使能
	DO10_4	I0.7	焊接完成	机器人焊接完成信号。焊接完成输出1个脉冲信号通知PLC（通过编程实现）
		I1.0	机器人急停输入	0＝急停动作
MotoOn	DI10_1	Q0.3	机器人电机使能	
Start	DI10_3	Q0.4	机器人开始	机器人程序启动
Stop	DI10_4	Q0.6	机器人暂停	机器人程序停止（暂停）
ResetEstop	DI10_6	Q1.0	机器人急停复位	
		Q1.3	机器人急停	1＝执行机器人急停

说明：机器人 I/O 板的 DSQC 651 的信号已经建立，且已经按表 14-5 与机器人系统变量关联。

2. 建立焊接工具坐标

以焊枪 TCP 为中心点建立焊接工具坐标，坐标名称为 WD_Tool，建立工具坐标过程参考基础篇中的工具坐标建立方法。

3. 程序设计

（1）控制流程图

机器人控制流程图如图 14-26 所示。

（2）机器人程序设计

实现机器人逻辑和动作的 RAPID 程序模块如下：

```
PROC main( )
    MoveJ P10,v1000,z10,tool0;
    ! 左摆动作
    MoveL P30,v1000,z10,WD_Tool;
    ! 右摆动作
    MoveJ P40,v200,fine,WD_Tool;
    ! 焊枪到焊接起始点
    ArcCStart P40,P110,v10,seam1,weld1,fine,WD_Tool;
    ! 开始弧线焊接
    ArcC P120,P40,v10,seam1,weld1,z5,WD_Tool;
    ArcCEnd P40,P110,v10,seam1,weld1,fine,WD_Tool;
    ! 结束弧线焊接
    MoveL P40,v1000,fine,WD_Tool;
    ! 焊枪回到焊接起始点
    MoveJ P70,v1000,fine,WD_Tool;
    ! 抬头动作
ENDPROC
```

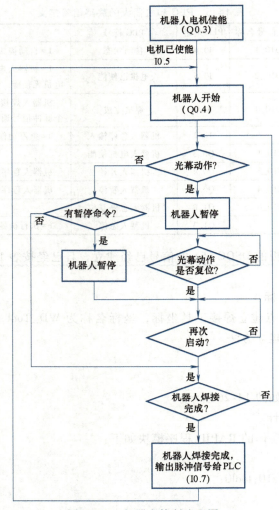

图 14-26　机器人控制流程图

（3）PLC 程序设计

网络 1——第一扫描周期初始化：

网络 2——急停和光幕报警：

网络 3——准备就绪：

```
自动状态:I0.4    急停记忆:M2.1  光幕报警保护:M0.2 机器人急停:I1.0    就绪标志:M2.0
  ─┤ ├──────────┤/├──────────┤/├──────────┤ ├──────────(    )
```

网络 4——设备复位：

```
复位按钮:I0.3    自动状态:I0.4        急停复位:Q1.0
 ─┤ ├────────────┤ ├──────┬──────────(    )
                          │
复位_HMI:M1.3             │        急停记忆:M2.1
 ─┤ ├──────┘             ├──────────( R )
                          │             1
                          │
                          │        光幕报警保护:M0.2
                          └──────────( R )
                                        1
```

网络 5——系统运行：

```
启动按钮:I0.0    就绪标志:M2.0    自动状态:I0.4    急停记忆:M2.1    焊接完成:I0.7    运行标志:M2.2
 ─┤ ├──────────┤ ├──────────┤ ├──────────┤/├──────────┤/├──────────(    )
   │
启动_HMI:M1.0
 ─┤ ├──┤
   │
运行标志:M2.2
 ─┤ ├──┘
```

网络 6——机器人伺服电机使能，使能后机器人程序开始：

```
启动按钮:I0.0   自动状态:I0.4   就绪标志:M2.0   电机使能:Q0.3
 ─┤ ├──────────┤ ├──────────┤ ├──────┬──────(    )
   │                                  │
启动_HMI:M1.0                         │   暂停记忆:M2.3
 ─┤ ├──┤                             └──────( R )
   │                                            1
电机使能:Q0.3
 ─┤ ├──┘
```

网络 7——电机使能后，电机使能开始 I0.5＝ON，否则是脉冲信号：

```
电机使能:Q0.3 电机使能开始:I0.5              T37
 ─┤ ├──────────┤ ├──────────────┬──────┤IN    TON│
                                 │      │         │
                            15 ──┤PT  100 ms│
```

```
    T37          开始:Q0.4
  ──┤≥1├──────────(    )
     6
    T37          电机使能:Q0.3
  ──┤ ├──────────( R )
                    1
```

网络8——安全光幕动作后或焊接完成或有暂时命令，机器人都将暂停：

```
光幕报警保护:M0.2   自动状态:I0.4   运行标志:M2.2        暂停:Q0.6
   ├──┤ ├────────┤ ├────────┤ ├──────────────( )

   暂停按钮:I0.1
   ├──┤ ├──

   暂止_HMI:M1.1
   ├──┤ ├──
```

网络9——有急停或光幕动作记忆时，红色警示灯以1Hz的频率闪烁：

```
急停记忆:M2.1    自动状态:I0.4    SM0.5    红色警示灯:Q0.2
   ├──┤ ├────────┤ ├──────┤ ├──────( )

光幕报警保护:M0.2
   ├──┤ ├──
```

网络10——当系统没运行时系统就绪，或系统运行时，黄色警示灯常亮：

```
就绪标志:M2.0    运行标志:M2.2    自动状态:I0.4    黄色警示灯:Q0.1
   ├──┤ ├────────┤/├────────┤ ├──────────( )

运行标志:M2.2
   ├──┤ ├──
```

网络11——暂停记忆：

```
暂停:Q0.6      开始:Q0.4      暂停记忆:M2.3
   ├──┤ ├──────┤/├────────( )

光幕报警保护:M0.2
   ├──┤ ├──

暂停记忆:M2.3
   ├──┤ ├──
```

网络12——系统运行时暂停，绿色警示灯以1Hz的频率闪烁；系统运行时没有暂停，绿色警示灯常亮：

```
运行标志:M2.2    暂停记忆:M2.3    SM0.5    绿色警示灯:Q0.0
   ├──┤ ├────────┤ ├──────┤ ├──────( )

运行标志:M2.2    暂停记忆:M2.3
   ├──┤ ├────────┤/├──
```

任务十五   工业机器人鼠标装配实训系统安装与调试

本任务选取了YL-R120B鼠标装配实训系统设备，如图15-1所示。该设备能通过两台ABB工业机器人的协调工作，将桌面上的无线鼠标零件进行组装。通过本任务的学习，使读者掌握两台机器人协同工作方式以及工作站的编程和调试方法。

工作任务

系统上电通气后，将两台机器人置于自动状态。然后按下复位按钮，两台机器人同时复位。复位完成后，所有指示灯熄灭。按下启动按钮，机器人开始装配鼠标。按下急停按钮后，需要重新开始。

首先，从站机器人将摆放好的鼠标底板夹取到安装台上。然后再去抓取电池并将其安装在底板上的电池槽内。接着，机器人回到初始位并发出电池装配完成信号。

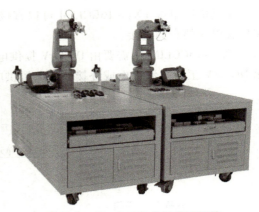

图 15-1　YL-R120B 鼠标装配系统

当主站机器人接收到从站的完成信号后，首先将无线接收器抓取并安装到鼠标底板上的对应安装槽内，然后再将后盖安装到底板上面，接着机器人回到初始位并发出装配完成信号。

当主站机器人装配完成后，从站机器人在接收到信号后，将安装台上装配好的鼠标抓取到指定位置。

重复上述流程，直至完成 6 次鼠标装配。

硬件配置

亚龙 YL-R120B 鼠标装配实训系统由两个机器人站组成，每个机器人站的机器人均为 ABB 的 IRB 120 机器人。系统的控制器型号为三菱 FX$_{2N}$-64MR，PLC 与主站机器人采用 CC-Link 通信，为此，PLC 配有 CC-Link 通信模块（FX$_{2N}$-32CCL），主站机器人配有 DSQC 378B 模块进行 CC-Link 和 DeviceNet 协议的转换。PLC 与从站机器人通过 I/O 直接进行通信。

亚龙 YL-R120B 鼠标装配实训系统设备硬件构成有机器人本体及控制器、气动系统、检测传感器（磁性开关）元器件等，主要元器件如图 15-2 所示。

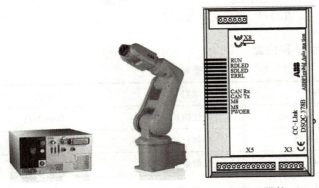

图 15-2　主要元器件

网络配置

1. PLC 的 CC-Link 网络构建方法

（1）FX$_{2N}$-16CCL-M 模块与 PLC 的连接

通过扩展电缆 FX_{2N}-16CCL-M 可以直接与 $FX_{0N/2N}$ PLC 主单元连接，或与其他扩展模块或扩展单元的右侧连接。

FX_{2N}-16CCLIN-M 需要由 DC 24V 提供电源，供电方式如图 15-3 所示，可由 PLC 的主单元 DC 24V 工作电源供电或外接稳压电源供电。

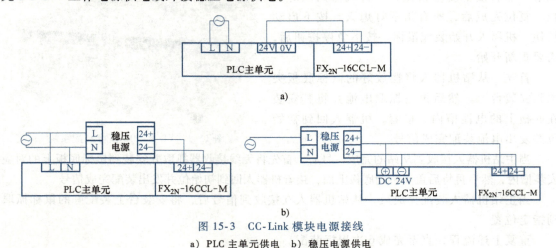

图 15-3　CC-Link 模块电源接线

a）PLC 主单元供电　b）稳压电源供电

用双绞屏蔽电缆将 FX_{2N}-32CCL 和 CC-Link 连接起来，如图 15-4 所示。

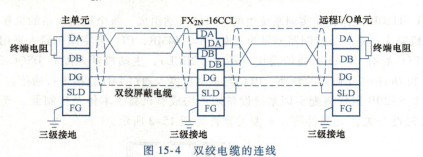

图 15-4　双绞电缆的连线

表 15-1 列出了推荐电缆的型号和性能。

表 15-1　电缆的型号和性能

项目	规格	项目	规格
型号	FANC-SB 0.5mm²×3	特性阻抗	100±15Ω
电缆类型	双绞屏蔽电缆	外部尺寸	7mm
导体横截面积	0.5mm²	近似重量	65kg/km
电阻（20℃）	≤37.8Ω/km	横截面	
绝缘电阻	>10000Ω/km		
耐电压	DC 500V（1min）		
静电容量	<60nF/km		

站号的设置，图 15-5 所示说明了主站中开关的设定。

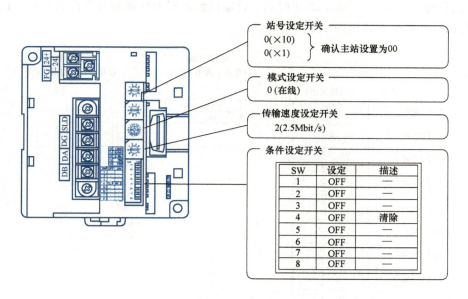

图 15-5　主站站号设定

（2）数据地址的分配

1）远程输入（RX）：如图 15-6 所示，保存来自远程 I/O 站和远程设备站的输入（RX）状态。每个站使用两个字节。

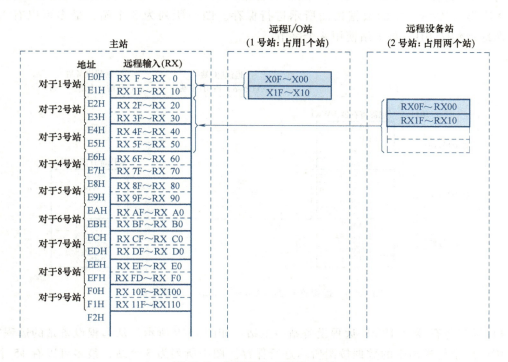

图 15-6　远程输入（RX）地址

2）远程输出（RY）：如图 15-7 所示，将输出到远程 I/O 站和远程设备站的输出（RX）状态进行保存。每个站使用两个字节。

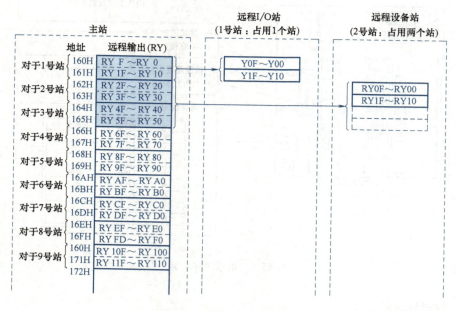

图 15-7　远程输出（RY）地址

3）远程寄存器（RWw）主站→远程设备站：如图 15-8 所示，被传送到远程设备站的远程寄存器（RWw）中的数据按图所示进行保存。图中所列为 3 个站，最多可以有 15 个站，即地址到 21BH。每个站使用 4 个字节。

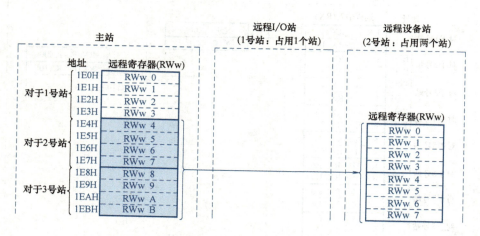

图 15-8　远程寄存器（RWw）主站→远程设备站

4）远程寄存器（RWr）远程设备站→主站：如图 15-9 所示，从远程设备站的远程寄存器（RWr）中传送出来的数据按图所示进行保存。图中所列为 3 个站，最多可以有 15 个站，即地址到 31BH。每个站使用 4 个字节。

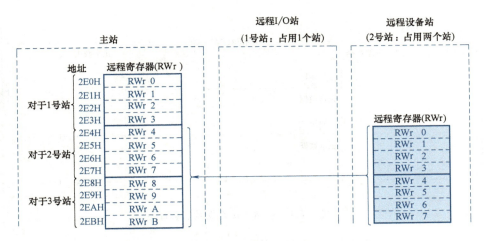

图 15-9　远程寄存器（RWr）远程设备站→主站

（3）创建通信初始化程序

创建在 FX$_{2N}$-16CCL-M 主站 PLC 的程序如图 15-10 所示。

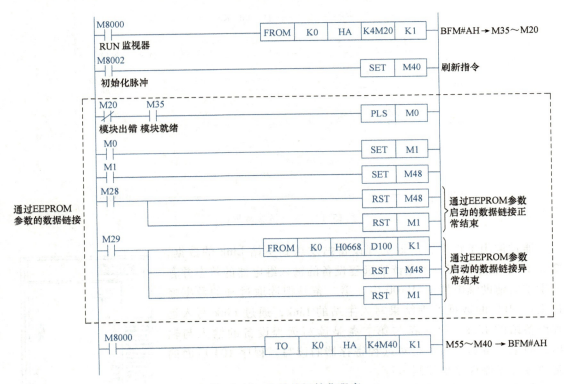

图 15-10　主站的初始化程序

通过以上程序确定主站 EEPROM 参数的数据链接状态是否正确。

通过读取主站寄存器 H680 的数据内容来判断其他站的数据连接状态，以调用通信数据链接子程序。主站链接数据状态程序如图 15-11 所示，主站链接数据程序如图 15-12 所示。

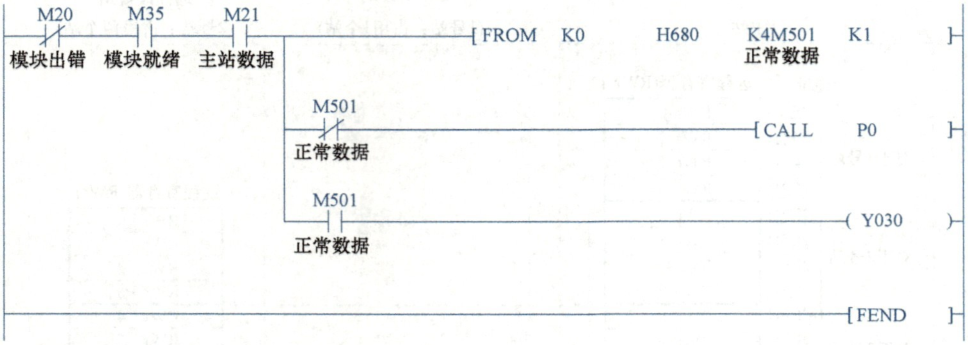

M20
M35
M21
模块出错
模块就绪
主站数据
FROM K0 H680 K4M501 K1
正常数据
M501
正常数据
CALL P0
M501
正常数据
Y030
FEND

图 15-11　主站链接数据状态程序

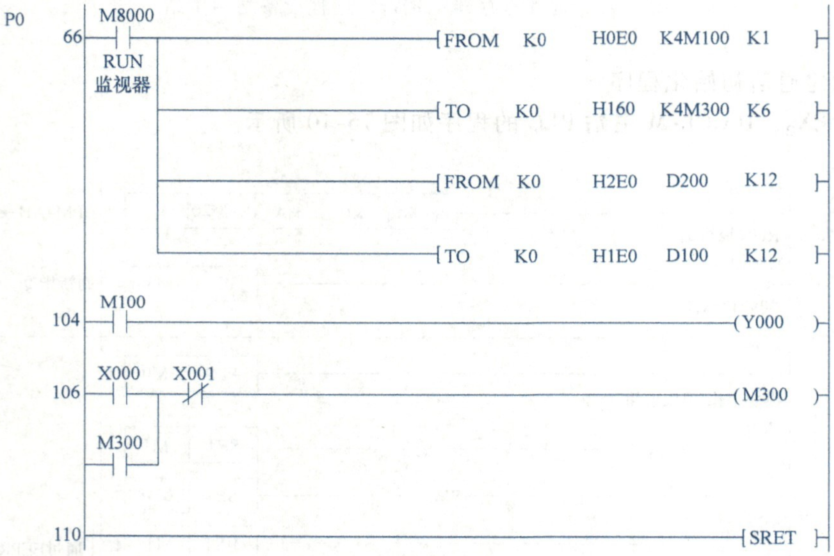

P0
66
M8000
RUN
监视器
FROM K0 H0E0 K4M100 K1
TO K0 H160 K4M300 K6
FROM K0 H2E0 D200 K12
TO K0 H1E0 D100 K12
104
M100
Y000
106
X000
X001
M300
M300
110
SRET

图 15-12　主站链接数据程序

通过调用子程序，读取远程设备站发送到主站 Link 的数据，图 5-12 中程序的第一条是读取远程设备的输入继电器的状态并存入主站的辅助继电器 K4M100 中，第二条是把读取过来的数据经过主站 PLC 的数据处理结果写入主站的 Link，通过 Link 写入远程设备站的 Link。第一条与第二条是读写远程设备的输入与输出，而第三条和第四条是对远程寄存器的读写。程序 104 后面的是通过起保停程序来控制运行。

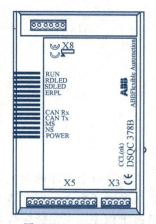

2. DSQC 378B 通信板 CC-Link 的设置方法

（1）DSQC 378B 通信板

DSQC 378B 的外观如图 15-13 所示。

X8
RUN
RDLED
SDLED
ERPL
CAN Rx
CAN Tx
MS
NS
POWER
ABB Flexible Automation
DSQC 378B
CCL(ok)
X5
X3

图 15-13　DSQC 378B

图 15-14 所示为 X3 端子，其中 1 号为 0V，3 号为 GND，5 号为 24V，2 号和 4 号预留。

图 15-15 所示为 X5 端子，1 号为 0V，2 号为低信号，3 号为屏蔽线，4 号为高信号，5 号为 24V；6~12 号作为通信地址的设定端子，6 号为逻辑地，而 7~12 号分别对应地址，通过插针可以设定本站的通信站号，图 5-15 中通信地址为 10。

图 15-14　X3 端子

图 15-15　X5 端子

图 15-16 所示为 X8 端子。X8 端子连接到三菱 FX_{2N}-16CCL-M 通信模块上，1 号为屏蔽线，2 号为 DA，3 号为信号地，4 号为 DB，5、6 号不接。其中，在 2 号和 3 号接一个 120Ω 的电阻。

图 15-16　X8 端子

（2）通信软件的设定

连接好硬件之后，要完成 CC-Link 的通信，需要进行设定。

首先，将示教器打开到设置界面。双击 Unit 进入该界面，如图 15-17 所示。

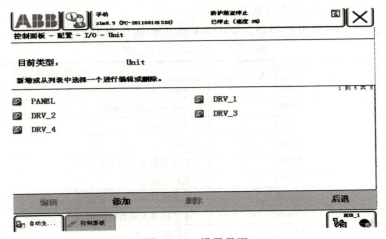

图 15-17　设置界面

双击"添加"，进入界面进行设置，如图 15-18 所示。

完成后再从设置界面进入 Fieldbus Command 界面，然后双击"添加"，如图 15-19 所示。

在 Fieldbus Command 界面中添加 4 个参数，分别为 StationNo 设置从站地址（地址应与 X5 端子上设置的一致）、BaudRate 设置通信波特率、OccStat 设置占用站数、BasicIO 设置传输模式。这里只传输数据，所以设置为 0。

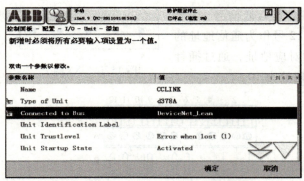

图 15-18　添加通信 Unit　　　　　　图 15-19　Fieldbus Command 界面

完成 CC-Link 的设置后，可以建立 CC-Link 的 I/O 信号，设置方式如图 15-20 所示，建立的 I/O 信号在 "Assigned to Unit" 中选择为 CC-Link 单元即可。

任务实施

1. PLC 及机器人通信信号配置

PLC 与主站机器人采用 CC-Link 通信，将主站机器人发送来的数据存放在 M600~M615，而将 PLC 需要发送至机器人的数据先存放在 M500~M515。CC-Link 通信数据见表 15-2。

图 15-20　建立 CC-Link 的 I/O 信号

表 15-2　CC-Link 通信数据

PLC 端	主站机器人	信 号 含 义
X3	CDI00	Motor On
X0	CDI03	reset emergency stop
X1	CDI01	start at main
X4	CDI04	stop
M505	CDI05	从站机器人完成电池装配
M609	CDO09	复位完成
M605	CDO05	主站底板和电池安装信号
M606	CDO06	主站机器人后盖装配完成
M600	CDO00	手抓吸盘工作

PLC 与从站机器人的 I/O 通信方式为直接的点到点的通信，两者直接进行 I/O 读写操作，通信数据见表 15-3。

表 15-3　I/O 通信数据

PLC 端	从站机器人	信 号 含 义
X3	DI11	Motor On
X0	DI12	reset emergency stop

（续）

PLC 端	从站机器人	信 号 含 义
X1	DI09	start at main
X4	DI10	stop
Y4	DI06	主站底板和电池安装信号
Y5	DI07	主站机器人后盖装配完成
X17	DO07	从站机器人复位完成
X10	DO00	从站机器人完成电池装配
X15	DO05	工作台吸盘启动
X11	DO01	从站机器人搬运鼠标完成

2. 机器人主要示教位置点（见图 15-21）

（1）主站机器人主要工作位置点

jpos10 点为机器人初始位置点，p10 为机器人等待位置点。

p150 为主站机器人抓取鼠标接收器快速移动位置点，p170 为主站机器人抓取后盖快速移动位置点。

p20、p340、p350、p360、p370、p380 为主站机器人抓取鼠标接收器位置点。

p190、p410、p420、p300、p430、p440 为主站机器人抓取后盖位置点。

（2）从站机器人主要工作位置点

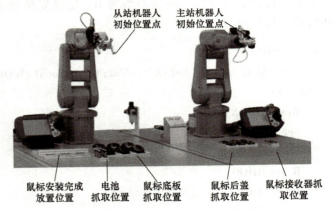

图 15-21　鼠标装配机器人主要位置点

jpos10 点为机器人初始位置点，p10 为机器人等待位置点。

p41、p42、p43、p44、p45、p46 为从站机器人抓取底板位置点。

p300、p310、p320、p330、p340、p350 为从站机器人抓取电池位置点。

p200 为鼠标完成装配第 1 放置点，其余 5 个点以此为基准，利用 Offs 偏移指令进行确定。

3. 机器人任务程序设计

（1）主站机器人编程

主站机器人的功能：主站机器人完成复位后，在接收到 PLC 发出的开始工作信号后，进入工作状态，接收到从站机器人发出的电池装配完成信号后，将无线接收器抓取并安装到鼠标底板上的对应安装槽内，然后再将后盖安装到底板上，最后机器人回到初始位并发出装配完成信号。工作流程图如图 15-22 所示。

主程序中包含初始化、数据处理、抓取安装无线接收器和抓取安装后盖子程序。代码如下：

```
PROC main( )
        CSH;
        WHILE TRUE DO
            WaitTime 0.3;
            WaitDI CDI05,1;
                SJCL;
                FSQ;
                HG;
            WaitTime 0.3;
            ENDWHILE
ENDPROC
```

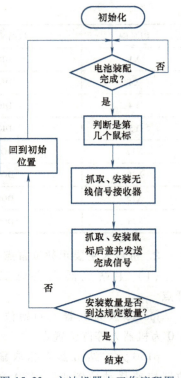

图 15-22　主站机器人工作流程图

在初始化子程序中，首先回到初始位置，然后确认打开手抓，输出信号复位，将安装数置 0，发送复位完成脉冲信号。代码如下：

```
PROC CSH( )
    MoveAbsJ jpos10 \NoEOffs, v600, FINE, tool0 \WObj:
=zlm815;
    Reset BDO8;
    Set BDO9;
    WaitTime 0.3;
    Reset BDO9;
    Set CDO05;
    Reset CDO00;
    Reset CDO06;
    C: =0;
    Set CDO09;
    WaitTime 1;
    Reset CDO09;
ENDPROC
```

在数据处理子程序中，完成 6 个鼠标接收器和后盖位置的定位。代码如下：

```
PROC SJCL( )
    MoveJ p10,v400,z50,
tool0 \WObj:=zlm815;
    C: =C+1;
    TEST C
        CASE 1:
```

```
TEST C
    CASE 1:
    pHG: =p190;
    ENDTEST
TEST C
    CASE 2:
```

```
        pFSQ: = P20;
    ENDTEST
    TEST C
    CASE 2：
        pFSQ: = p340;
    ENDTEST
    TEST C
    CASE 3：
        pFSQ: = p350;
    ENDTEST
    TEST C
    CASE 4：
        pFSQ: = p360;
    ENDTEST
    TEST C
    CASE 5：
        pFSQ: = P370;
    ENDTEST
    TEST C
    CASE 6：
        pFSQ: = p380;
    ENDTEST
```

```
        pHG: = p410;
    ENDTEST
    TEST C
    CASE 3：
        pHG: = P420;
    ENDTEST
    TEST C
    CASE 4：
        pHG: = P300;
    ENDTEST
    TEST C
    CASE 5：
        pHG: = P430;
    ENDTEST
    TEST C
    CASE 6：
        pHG: = P440;
    ENDTEST
ENDPROC
```

在抓取安装无线接收器子程序中完成无线接收器的抓取和安装。代码如下：

```
PROC FSQ()
    MoveJ p150,v400,z50,tool0\WObj: = zlm815;
    MoveJ Offs(pFSQ,0,0,20),v200,z50,tool0\WObj: = zlm815;
    MoveL PFSQ,v50,fine,tool0\WObj: = zlm815;
    Set BDO8;
    WaitDI BDI14,1;
    WaitTime 0.1;
    Reset BDO8;
    MoveJ Offs(pFSQ,0,0,50),v100,z50,tool0\WObj: = zlm815;
    MoveJ p100,v500,fine,tool0\WObj: = zlm815;
    MoveL p90,v100,fine,tool0\WObj: = zlm815;
    MoveL p30,v10,fine,tool0\WObj: = zlm815;
    SET BDO9;
    WaitDI BDI14,0;
    WaitTime 0.1;
```

```
        Reset BDO9;
        MoveL p110,v50,fine,tool0\WObj:=zlm815;
        MoveL p120,v50,fine,tool0\WObj:=zlm815;
        MoveL p130,v100,fine,tool0\WObj:=zlm815;
        MoveL p140,v100,fine,tool0\WObj:=zlm815;
ENDPROC
```

在抓取安装后盖子程序中完成后盖的抓取和安装。代码如下：

```
    PROC HG()
        MoveJ p170,v300,Z30,tool0\WObj:=zlm815;
        MoveJ Offs(pHG,0,0,30),v500,fine,tool0\WObj:=zlm815;
        MoveL pHG,v100,fine,tool0\WObj:=zlm815;
        Set CDO00;
        WaitTime 0.3;
        MoveJ Offs(pHG,0,0,30),v100,fine,tool0\WObj:=zlm815;
      IF c<=3 THEN
        MoveJ p270,v200,z50,tool0\WObj:=zlm815;
        MoveJ p180,v500,fine,tool0\WObj:=zlm815;
        MoveJ Offs(p200,0,0,30),v20,fine,tool0\WObj:=zlm815;
        MoveL p200,v20,fine,tool0\WObj:=zlm815;
        Reset CDO00 ;
        WaitTime 0.3;
          MoveJ Offs(p200,0,0,15),v50,fine,tool0\WObj:=zlm815;
          ENDIF
      IF C>3 AND C<=6 THEN
          MoveJ p310,v300,z50,tool0\WObj:=zlm815;
          MoveJ p320,v500,fine,tool0\WObj:=zlm815;
          MoveL p330,v20,fine,tool0\WObj:=zlm815;
          Reset CDO00 ;
          WaitTime 0.3;
          MoveJ Offs(p330,0,0,20),v50,fine,tool0\WObj:=zlm815;
      ENDIF
          MoveJ p230,v200,z20,tool0\WObj:=zlm815;
          MoveL p390,v50,z20,tool0\WObj:=zlm815;
          MoveL p240,v10,fine,tool0\WObj:=zlm815;
          WaitTime 0.5;
          MoveL p390,v50,fine,tool0\WObj:=zlm815;
          MoveJ p290,v150,fine,tool0\WObj:=zlm815;
          MoveL p250,v150,fine,tool0\WObj:=zlm815;
```

```
        MoveL p450,v20,fine,tool0\WObj:=zlm815;
        WaitTime 0.5;
        MoveJ p260,v200,fine,tool0\WObj:=zlm815;
        MoveAbsJ jpos10\NoEOffs,v600,FINE,tool0\WObj:=zlm815;
        Set CDO06;
        WaitTime 2;
        Reset CDO06;
    IF C>=6 THEN
        Reset CDO05;
        Stop;
        C:=0;
    ENDIF
ENDPROC
```

（2）从站机器人编程

从站机器人的功能：从站机器人完成复位后，在接收到 PLC 发出的开始工作信号后，开始工作。首先将摆放好的鼠标底板夹取到安装台上，然后再抓取电池并将其安装在底板上的电池槽内。接着，机器人回到初始位并给主站机器人发出电池装配完成信号，接收到主站机器人完成装配信号后，将安装台上装配好的鼠标抓取到指定位置。从站机器人工作流程图如图 15-23 所示。

在主程序中包含了初始化、数据处理、抓取鼠标底板、抓取鼠标电池、完成装配后放置子程序。代码如下：

```
PROC main( )
        CSH;
    WHILE TRUE DO
        SJCL;
        WaitDI DI06,1;
        DB;
        DC;
        WaitTime 0.3;
        WaitDI DI07,1 ;
        ZT;
        WaitTime 0.3;
    ENDWHILE
ENDPROC
```

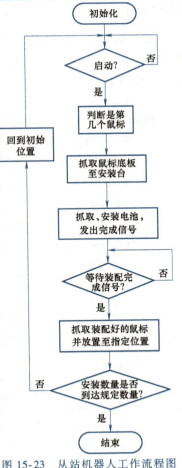

图 15-23　从站机器人工作流程图

在初始化子程序中，先将安装数置 0，然后确认打开手爪，回到初始位置，输出信号复位，发送复位完成脉冲信号。代码如下：

```
PROC CSH( )
    C: = 0;
    Reset DO09;
    Set DO08;
    WaitTime 0.3;
    Reset DO08;
    Reset DO00;
    Reset DO05;
    MoveAbsJ jpos10\NoEOffs,v500,z50,tool0\WObj:=zlm814;
    Set DO07;
    WaitTime 1;
    Reset DO07;
    WaitTime 0.3;
ENDPROC
```

在数据处理子程序中，其功能是对 6 个电池的抓取位置和 6 个鼠标装配后的放置位置进行计算。代码如下：

```
PROC SJCL( )                          CASE 4:
    C: = C+1;                             pDC: = P330;
    TEST C                                ENDTEST
        CASE 1:                       TEST C
        pZQ: = p41;                       CASE 5:
        ENDTEST                           pDC: = P340;
    TEST C                                ENDTEST
        CASE 2:                       TEST C
        pZQ: = p42;                       CASE 6:
        ENDTEST                           pDC: = P350;
    TEST C                                ENDTEST
        CASE 3:
        pZQ: = p43;                   TEST C
        ENDTEST                           CASE 1:
    TEST C                                pZT: = Offs(p200,0,0,0);
        CASE 4:                           ENDTEST
        pZQ: = p44;                   TEST C
        ENDTEST                           CASE 2:
    TEST C                                pZT: = Offs(p200,80,0,0);
        CASE 5:                           ENDTEST
        pZQ: = p45;                   TEST C
        ENDTEST                           CASE 3:
```

```
        ENDTEST
        TEST C
        CASE 6：
        pZQ：= p46；
        ENDTEST
    TEST C
        CASE 1：
        pDC：= P300；
        ENDTEST
        TEST C
        CASE 2：
        pDC：= P310；
        ENDTEST
        TEST C
        CASE 3：
        pDC：= P320；
        ENDTEST
        TEST C
```

```
        pZT：= Offs( p200,160, -4,0)；
        ENDTEST
        TEST C
        CASE 4：
        pZT：= Offs( p200,2,130,0)；
        ENDTEST
        TEST C
        CASE 5：
        pZT：= Offs( p200,86,130,0)；
        ENDTEST
        TEST C
        CASE 6：
        pZT：= Offs( p200,162,130,0)；
        ENDTEST
    ENDPROC
```

抓取鼠标底板子程序的功能是将鼠标底板搬运至安装台。代码如下：

```
PROC DB( )
        MoveJ p10,v800,z200,tool0\WObj：= zlm814；
        MoveL Offs( pZQ,0,0, -75),v500,z200,tool0\WObj：= zlm814；
        MoveJ pZQ,v100,fine,tool0\WObj：= zlm814；
        SET DO09；
        WaitDI DI14,0；
        WaitTime 0.3；
        Reset DO09；
        MoveL Offs( pZQ,0,0, -100),v200,fine,tool0\WObj：= zlm814；
        MoveJ p30,v500,z50,tool0\WObj：= zlm814；
        MoveJ p50,v500,z50,tool0\WObj：= zlm814；
        MoveL p60,v20,FINE,tool0\WObj：= zlm814；
        Set DO08；
        waitdi DI14,0；
        WaitTime 0.3；
        Reset DO08；
        Set DO05；
        WaitTime 0.3；
        Reset DO05；
    ENDPROC
```

抓取鼠标电池子程序的功能为抓取电池并进行装配。代码如下：

```
PROC DC()
        MoveJ p50,v300,fine,tool0\WObj:=zlm814;
        MoveJ p70,v500,z50,tool0\WObj:=zlm814;
        MoveL Offs(pDC,0,0,-30),v200,z50,tool0\WObj:=zlm814;
        MoveJ pDC,v100,fine ,tool0\WObj:=zlm814;
        SET DO09;
        WaitDI DI14,0;
        WaitTime 0.2;
        Reset DO09;
        MoveL Offs(pDC,0,0,-40),v30,fine,tool0\WObj:=zlm814;
        MoveJ p100,v300,Z200,tool0\WObj:=zlm814;
        MoveJ p110,v300,z50,tool0\WObj:=zlm814;
        MoveL p130,v300,z50,tool0\WObj:=zlm814;
        MoveL p140,v50,FINE,tool0\WObj:=zlm814;
        Set DO08;
        waitdi DI14,0;
        WaitTime 0.3;
        Reset DO08;
        MoveL p120,v500,z50,tool0\WObj:=zlm814;
        MoveJ p150,v200,z50,tool0\WObj:=zlm814;
        MoveL p160,v20,FINE,tool0\WObj:=zlm814;
        WaitTime 0.5;
        MoveL p150,v100,fine,tool0\WObj:=zlm814;
        MoveAbsJ jpos10\NoEOffs,v800,FINE,tool0\WObj:=zlm814;
        set DO00;
        WaitTime 1;
        Reset DO00;
    ENDPROC
```

完成装配后放置子程序的功能是将装配后的鼠标搬运至指定的6个位置。代码如下：

```
PROC ZT()
        MoveJ p170,v800,Z200,tool0\WObj:=zlm814;
        MoveL p180,v1000,fine,tool0\WObj:=zlm814;
        SET DO09;
        WaitDI DI14,0;
        WaitTime 0.3;
        Reset DO09;
        MoveL p170,v500,fine,tool0\WObj:=zlm814;
```

```
MoveJ p190,v600,z100,tool0\WObj:=zlm814;
MoveL Offs(pZT,0,0,-80),v400,z20,tool0\WObj:=zlm814;
MoveL pZT,v100,fine,tool0\WObj:=zlm814;
Set DO08;
waitdi DI14,0;
WaitTime 0.3;
Reset DO08;
MoveL Offs(pZT,0,0,-68),v50,z200,tool0\WObj:=zlm814;
MoveAbsJ jpos10\NoEOffs,v600,FINE,tool0\WObj:=zlm814;
set DO01;
WaitTime 1;
Reset DO01;
IF C>5 THEN
    Stop;
    C:=0;
ENDIF
ENDPROC
```

4. PLC 任务程序设计

PLC 的功能主要是将开关、按钮等主令信号发送给主站和从站机器人，同时收集主站和从站机器人的状态信息。

PLC 与主站机器人采用 CC-Link 通信，PLC 与从站机器人通过 I/O 直接进行通信。

CC-Link 通信时，PLC 为主站，主站机器人为 1 号站。通信时采用 FROM、TO 指令。

1）建立 CC-Link，通过读取 EEPROM 参数确认数据链接状态是否正确。确认数据链接状态程序如图 15-24 所示。

2）建立通信数据链接

CC-Link 通信时，将主站机器人发送来的数据存放在 M600 ~ M615，而将 PLC 需要发送至机器人的数据先存放在 M500 ~ M515。建立通信数据链接程序如图 15-25 所示。

与从站机器人的 I/O 通信则比较简单，可直接对 PLC 的 I/O 进行读写操作。

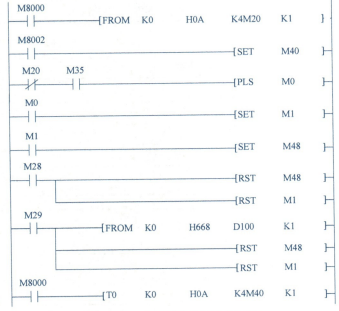

图 15-24　确认数据链接状态程序

M8000
FROM K0 H0E0 K4M600 K1
T0 K0 H160 K4M500 K1

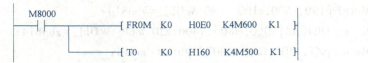

图 15-25 建立通信数据链接程序

5. 编写数据通信程序

通信程序的作用是在主站机器人和从站机器人之间进行信号传输。数据通信程序如图 15-26 所示。

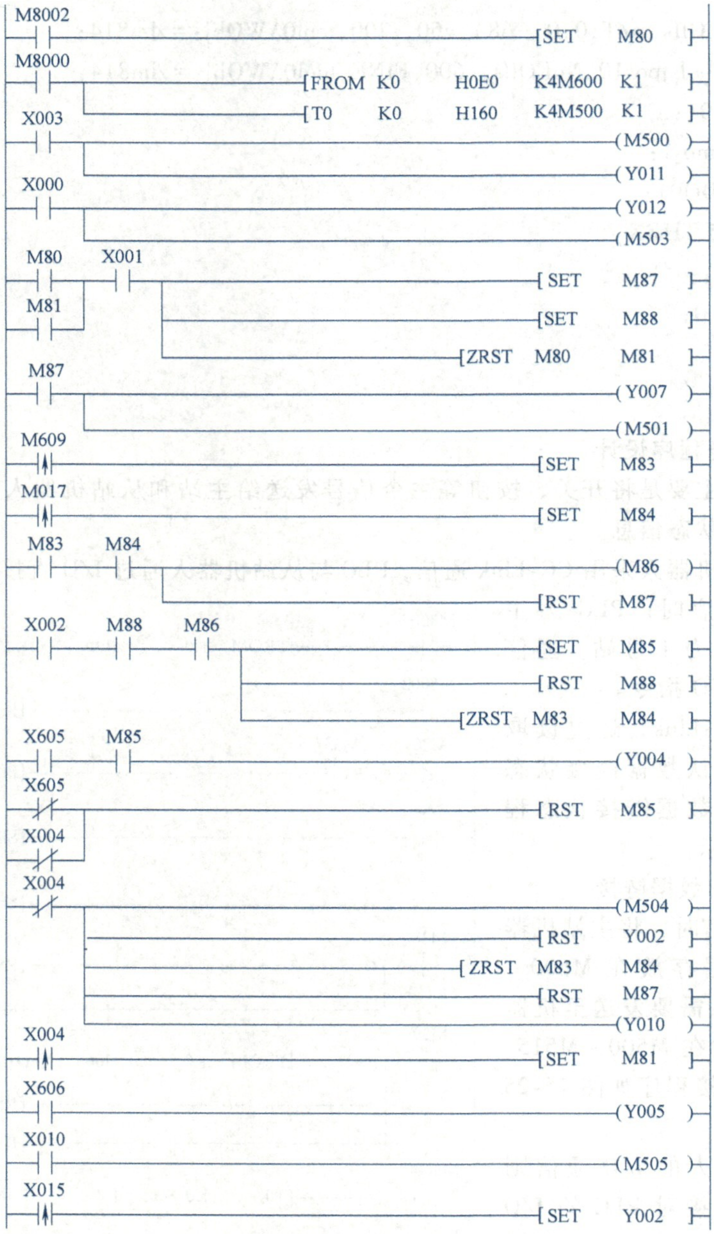

M8002
SET M80
M8000
FROM K0 H0E0 K4M600 K1
T0 K0 H160 K4M500 K1
X003
M500
Y011
X000
Y012
M503
M80
X001
SET M87
M81
SET M88
ZRST M80 M81
M87
Y007
M501
M609
SET M83
M017
SET M84
M83
M84
M86
RST M87
X002
M88
M86
SET M85
RST M88
ZRST M83 M84
X605
M85
Y004
X605
RST M85
X004
X004
M504
RST Y002
ZRST M83 M84
RST M87
Y010
X004
SET M81
X606
Y005
X010
M505
X015
SET Y002

图 15-26 数据通信程序

图 15-26　数据通信程序（续）

附 录

附录 A   RAPID 程序指令与功能

一、程序执行的控制

1. 程序的调用（见表 A-1）

表 A-1   程序的调用

指 令	功 能 说 明
ProcCall	调用例行程序
CallByVar	通过带变量的例行程序名称调用例行程序
RETURN	返回原例行程序

2. 例行程序内的逻辑控制（见表 A-2）

表 A-2   例行程序内的逻辑控制

指 令	功 能 说 明
Compact IF	如果条件满足,则执行一条指令
IF	当满足不同的条件时,执行对应的程序
FOR	根据指定的次数,重复执行对应的程序
WHILE	如果条件满足,则重复执行对应的程序
TEST	对一个变量进行判断,从而执行不同的程序
GOTO	跳转到例行程序内标签的位置
Label	跳转标签

3. 停止程序执行（见表 A-3）

表 A-3   停止程序执行

指 令	功 能 说 明
Stop	停止程序执行
EXIT	停止程序执行并禁止在停止处再开始

（续）

指　令	功 能 说 明
Break	临时停止程序的执行,用于手动调试
SystemStopAction	停止程序执行与机器人运动
ExitCycle	终止当前程序的运行并将程序指针 PP 复位到主程序的第一条指令。如果选择了程序连续运行模式,则程序将从主程序的第一句重新执行

二、变量指令

1. 对数据进行赋值（见表 A-4）

表 A-4　对数据进行赋值

指　令	功 能 说 明
:=	对程序数据进行赋值

2. 等待指令（见表 A-5）

表 A-5　等待指令

指　令	功 能 说 明
WaitTime	等待一个指定的时间,程序再往下执行
WaitUntil	等待一个条件满足后,程序继续往下执行
WaitDI	等待一个输入信号状态为设定值
WaitDO	等待一个输出信号状态为设定值

3. 程序注释（见表 A-6）

表 A-6　程序注释

指　令	功 能 说 明
Comment	对程序进行注释

4. 程序模块加载（见表 A-7）

表 A-7　程序模块加载

指　令	功 能 说 明
Load	从机器人硬盘加载一个程序模块到运行内存
UnLoad	从运行内存中卸载一个程序模块
Start Load	在程序执行的过程中,加载一个程序模块到运行内存中
Wait Load	当 Start Load 使用后,使用此指令将程序模块连接到任务中使用
Cancel Load	取消加载程序模块
CheckProgRef	检查程序引用
Save	保存程序模块
EraseModule	从运行内存删除程序模块

5. 变量功能（见表 A-8）

表 A-8　变量功能

指　　令	功　能　说　明
TryInt	判断数据是否为有效的整数
OpMode	读取当前机器人的操作模式
RunMode	读取当前机器人程序的运行模式
NonMotionMode	读取程序任务当前是否无运动的执行模式
Dim	获取一个数组的维数
Present	读取带参数例行程序的可选参数值
IsPers	判断一个参数是否为可变量
IsVar	判断一个参数是否为变量

6. 转换功能（见表 A-9）

表 A-9　转换功能

指　　令	功　能　说　明
StrToByte	将字符串转换为指定格式的字节数据
ByteToStr	将字节数据转换为字符串

三、运动设定

1. 速度设定（见表 A-10）

表 A-10　速度设定

指　　令	功　能　说　明
MaxRobSpeed	获取当前型号机器人可实现的最大 TCP 速度
VelSet	设定最大的速度与倍率
SpeedRefresh	更新当前运动的速度与倍率
AccSet	定义机器人的加速度
WorldAccLim	设定大地坐标中工具与载荷的加速度
PathAccLim	设定运动路径中 TCP 的加速度

2. 轴配置管理（见表 A-11）

表 A-11　轴配置管理

指　　令	功　能　说　明
ConfJ	关节运动的轴配置控制
ConfL	线性运动的轴配置控制

3. 奇异点的管理（见表 A-12）

表 A-12　奇异点的管理

指　　令	功　能　说　明
SingArea	设定机器人运动时，在奇异点的插补方式

4. 位置偏置功能（见表 A-13）

表 A-13　位置偏置功能

指　　令	功 能 说 明
PDispOn	激活位置偏置
PDispSet	激活指定数值的位置偏置
PDispOff	关闭位置偏置
EOffsOn	激活外轴偏置
EOffsSet	激活指定数值的外轴偏置
EOffsOff	关闭外轴位置偏置
DefDFrame	通过三个位置数据计算出位置的偏置
DefFrame	通过六个位置数据计算出位置的偏置
ORobT	从一个位置数据删除位置偏置
DefAccFrame	从原始位置和替换位置定义一个框架

5. 软伺服功能（见表 A-14）

表 A-14　软伺服功能

指　　令	功 能 说 明
SoftAct	激活一个或多个轴的软伺服功能
SoftDeact	关闭软伺服功能

6. 机器人参数调整功能（见表 A-15）

表 A-15　机器人参数调整功能

指　　令	功 能 说 明
TuneServo	伺服调整
TuneReset	伺服调整复位
PathResol	几何路径精度调整
CirPathMode	在圆弧插补运动时，工具姿态的变换方式

7. 空间监控管理（见表 A-16）

表 A-16　空间监控管理

指　　令	功 能 说 明
WZBoxDef	定义一个方形的监控空间
WZCylDef	定义一个圆柱形的监控空间
WZSphDef	定义一个球形的监控空间
WZHomeJointDef	定义一个关节轴坐标的监控空间
JointDef	定义一个限定为不可进入的关节轴坐标监控空间
WZLimSup	激活一个监控空间并限定为不可进入
WZDOSet	激活一个监控空间并与一个输出信号关联
WZEnable	激活一个临时的监控空间
WZFree	关闭一个临时的监控空间

注：这些功能需要"World zones"选项配合。

四、运动控制

1. 机器人运动控制（见表 A-17）

表 A-17　机器人运动控制

指　令	功　能　说　明
MoveC	TCP 圆弧运动
MoveJ	关节运动
MoveL	TCP 线性运动
MoveAbsJ	轴绝对角度位置运动
MoveExtJ	外部直线轴和旋转轴运动
MoveCDO	TCP 圆弧运动的同时触发一个输出信号
MoveJDO	关节运动的同时触发一个输出信号
MoveLDO	TCP 线性运动的同时触发一个输出信号
MoveCSync	TCP 圆弧运动的同时执行一个例行程序
MoveJSync	关节运动的同时执行一个例行程序
MoveLSync	TCP 圆弧运动的同时执行一个例行程序

2. 搜索功能（见表 A-18）

表 A-18　搜索功能

指　令	功　能　说　明
SearchC	TCP 圆弧搜索运动
SearchL	TCP 线性搜索运动
SearchExtJ	外轴搜索运动

3. 指定位置触发信号与中断功能（见表 A-19）

表 A-19　指定位置触发信号与中断功能

指　令	功　能　说　明
TriggIO	定义触发条件在一个指定的位置触发输出信号
TriggInt	定义触发条件在一个指定的位置触发中断信号
TriggCheckIO	定义一个指定的位置进行 I/O 状态的检查
TriggEquip	定义触发条件在一个指定的位置触发输出信号，并对信号响应的延迟进行补偿设定
TriggRampAO	定义触发条件在一个指定的位置触发模拟输出信号，并对信号响应的延迟进行补偿设定
TriggC	带触发事件的圆弧运动
TriggJ	带触发事件的关节运动
TriggL	带触发事件的线性运动
TriggLIOs	在一个指定的位置触发输出信号的线性运动
StepBwdPath	在 RESTART 的事件程序中进行路径的返回
TriggStopProc	在系统中创建一个监控处理，用于在 STOP 和 QSTOP 中需要信号复位和程序数据复位的操作
TriggSpeed	定义模拟输出信号与实际 TCP 速度之间的配合

4. 出错或中断时的运动控制（见表 A-20）

表 A-20　出错或中断时的运动控制

指　令	功　能　说　明
StopMove	停止机器人运动
StartMove	重新启动机器人运动
StartMoveRetry	重新启动机器人运动及相关的参数设定
StopMoveReset	对停止运动状态复位，但不重新启动机器人运动
StorePath	存储已生成的最近路径
RestoPath	重新生成之前的存储路径
ClearPath	在当前的运动路径级别中，清空整个运动路径
PathLevel	获取当前路径级别
SyncMoveSuspend	在 StorePath 的路径级别中暂停同步坐标的运动
SyncMoveResume	在 StorePath 的路径级别中重返同步坐标的运动

注：这些功能需要"Path recovery"选项配合。

指　令	功　能　说　明
IsStopMoveAct	获取当前停止运动的标志符

5. 外轴的控制（见表 A-21）

表 A-21　外轴的控制

指　令	功　能　说　明
DeactUnit	关闭一个外轴单元
ActUnit	激活一个外轴单元
MechUnitLoad	定义外轴单元的有效载荷
GetNextMechUnit	检索外轴单元在机器人系统中的名字
IsMechUnitActive	检查一个外轴单元状态是关闭还是激活

6. 独立轴控制（见表 A-22）

表 A-22　独立轴控制

指　令	功　能　说　明
IndAMove	将一个轴设定为独立轴模式并进行绝对位置方式运动
IndCMove	将一个轴设定为独立轴模式并进行连续方式运动
IndDMove	将一个轴设定为独立轴模式并进行角度方式运动
IndRMove	将一个轴设定为独立轴模式并进行相对位置方式运动
IndReset	取消独立轴模式
IndInpos	检查独立轴是否已达到指定位置
IndSpeed	检查独立轴是否已达到指定速度

注：这些功能需要"Independent movement"选项配合。

7. 路径修正功能（见表 A-23）

表 A-23　路径修正功能

指　　令	功 能 说 明
CorrCon	连接一个路径修正生成器
CorrWrite	将路径坐标系统中的修正值写到修正生成器中
CorrDiscon	断开一个已连接的路径修正生成器
CorrClear	取消所有已连接的路径修正生成器
CorrRead	读取所有已连接的路径修正生成器的总修正值

注：这些功能需要"Path offset or RobotWare-Arc sensor"选项配合。

8. 路径记录功能（见表 A-24）

表 A-24　路径记录功能

指　　令	功 能 说 明
PathRecStart	开始记录机器人路径
PathRecStop	停止记录机器人路径
PathRecMoveBwd	机器人根据记录的路径做后退运动
PathRecMoveFwd	机器人运动到执行 PathRecMoveBwd 这个指令的位置上
PathRecValidBwd	检查是否已激活路径记录和是否有可后退的路径
PathRecValidFwd	检查是否有可向前的记录路径

注：这些功能需要"Path recovery"选项配合。

9. 输送链跟踪功能（见表 A-25）

表 A-25　输送链跟踪功能

指　　令	功 能 说 明
WaitWObj	等待输送链上的工件坐标
DropWObj	放弃输送链上的工件坐标

注：这些功能需要"Conveyor tracking"选项配合。

10. 传感器同步功能（见表 A-26）

表 A-26　传感器同步功能

指　　令	功 能 说 明
WaitSensor	将一个在开始窗口的对象与传感器设备关联起来
SyncToSensor	开始/停止机器人与传感器设备的同步运动
DropSensor	断开当前对象的连接

注：这些功能需要"Sensor synchronization"选项配合。

11. 有效载荷与碰撞检测（见表 A-27）

表 A-27　有效载荷与碰撞检测

指　　令	功 能 说 明
MotionSup	激活/关闭运动监控
LoadID	工具或有效载荷的识别
ManLoadID	外轴有效载荷的识别

注：这些功能需要"Collision detection"选项配合。

12. 关于位置的功能（见表 A-28）

表 A-28　关于位置的功能

指　令	功 能 说 明
Offs	对机器人位置进行偏移
RelTool	对工具的位置和姿态进行偏移
CalcRobT	从 jointtarget 计算出 robtarget
CPos	读取机器人当前的 X、Y、Z 轴的坐标值
CRobT	读取机器人当前的 robtarget
CJointT	读取机器人当前的关节轴角度
ReadMotor	读取轴电动机当前的角度
CTool	读取工具坐标当前的数据
CWObj	读取工件坐标当前的数据
MirPos	镜像一个位置
CalcJiontT	从 robtarget 计算出 jointtarget
Distance	计算两个位置的距离
PFRestart	检查当路径因电源关闭而中断的时候
CSpeedOverride	读取当前使用的速度与倍率

五、输入/输出信号的处理

1. 对输入/输出信号的值进行设定（见表 A-29）

表 A-29　对输入/输出信号的值进行设定

指　令	功 能 说 明
InvertDO	将一个数字输出信号的值置反
PulseDO	对数字输出信号进行脉冲输出
Reset	将数字输出信号置为 0
Set	将数字输出信号置为 1
SetAO	设定模拟输出信号的值
SetDO	设定数字输出信号的值
SetGO	设定组输出信号的值

2. 读取输入/输出信号值（见表 A-30）

表 A-30　读取输入/输出信号值

指　令	功 能 说 明
AOutput	读取模拟输出信号的当前值
DOutput	读取数字输出信号的当前值
GOutput	读取组输出信号的当前值
TestDI	检查一个数字输入信号是否已置 1
ValidIO	检查 I/O 信号是否有效

（续）

指　令	功　能　说　明
WaitDI	等待一个数字输入信号的指定状态
WaitDO	等待一个数字输出信号的指定状态
WaitGI	等待一个组输入信号的指定状态
WaitGO	等待一个组输出信号的指定状态
WaitAI	等待一个模拟输入信号的指定状态
WaitAO	等待一个模拟输出信号的指定状态

3. I/O 模块的控制（见表 A-31）

表 A-31　I/O 模块的控制

指　令	功　能　说　明
IODisable	关闭一个 I/O 模块
IOEnable	开启一个 I/O 模块

六、通信功能

1. 示教器上人机界面的功能（见表 A-32）

表 A-32　示教器上人机界面的功能

指　令	功　能　说　明
TPErase	清屏
TPWrite	在示教器操作界面上写信息
ErrWrite	在示教器实践日志中写报警信息并存储
TPReadFK	互动的功能键操作
TPReadNum	互动的数字键盘操作
TPShow	通过 RAPID 程序打开指定的窗口

2. 通过串口进行读写（见表 A-33）

表 A-33　通过串口进行读写

指　令	功　能　说　明
Open	打开串口
Write	对串口进行写文本操作
Close	关闭串口
WriteBin	写一个二进制的操作
WriteAnyBin	写任意二进制的操作
WriteStrBin	写字符的操作
Rewind	设定文件开始的位置
ClearIOBuff	清空串口的输入缓冲
ReadAnyBin	从串口读取任意的二进制数

（续）

指　　令	功　能　说　明
ReadNum	读取数字量
ReadSra	读取字符串
ReadBin	从二进制串口读取数据
ReadStrBin	从二进制串口读取字符串

3. Sockets 通信（见表 A-34）

表 A-34　Sockets 通信

指　　令	功　能　说　明
SocketCreate	创建新的 Sockets
SocketConnet	连接远程计算机
SocketSend	发送数据到远程计算机
SocketReceive	从远程计算机接收数据
SocketClose	关闭 Sockets
SocketGetStatus	获取当前 Sockets 状态

七、中断程序

1. 中断设定（见表 A-35）

表 A-35　中断设定

指　　令	功　能　说　明
CONNECT	连接一个中断符号到中断程序
ISignalDI	使用一个数字输入信号触发中断
ISignalDO	使用一个数字输出信号触发中断
ISignalGI	使用一个组输入信号触发中断
ISignalGO	使用一个组输出信号触发中断
ISignalAI	使用一个模拟输入信号触发中断
ISignalAO	使用一个模拟输出信号触发中断
ITime	计时中断
TriggInt	在一个指定的位置触发中断
IPers	使用一个可变量触发中断
IError	当一个错误发生时触发中断
IDelete	取消中断

2. 中断控制（见表 A-36）

表 A-36　中断控制

指　　令	功　能　说　明
ISleep	关闭一个中断
IWatch	激活一个中断

（续）

指　　令	功 能 说 明
IDisable	关闭所有中断
IEnable	激活所有中断

八、系统相关的指令（时间控制，见表 A-37）

表 A-37　系统相关的指令（时间控制）

指　　令	功 能 说 明
ClkReset	计时器复位
ClkStart	计时器开始计时
ClkStop	计时器停止计时
ClkRead	读取计时器数值
CDate	读取当前日期
CTime	读取当前时间
GetTime	读取当前时间为数字型数据

九、数学运算

1. 简单运算（见表 A-38）

表 A-38　简单运算

指　　令	功 能 说 明
Clear	清空数值
Add	加或减操作
Incr	加 1 操作
Decr	减 1 操作

2. 算术功能（见表 A-39）

表 A-39　算术功能

指　　令	功 能 说 明
Abs	取绝对值
Round	四舍五入
Trunc	舍位操作
Sqrt	计算二次根
Exp	计算指数值 e^x
Pow	计算指数值
ACos	计算圆弧余弦值
ASin	计算圆弧正弦值
ATan	计算圆弧正切值 [-90,90]

（续）

指　令	功 能 说 明
ATan2	计算圆弧正切值[−180,180]
Cos	计算余弦值
Sin	计算正弦值
Tan	计算正切值
EulerZYX	从姿态计算欧拉角
OrientZYX	从欧拉角计算姿态

附录 B　　安全 I/O 信号

在控制器的基本和标准形式中，某些 I/O 信号专用于特定的安全功能。表 B-1 所示是所有可以在 FlexPendant（示教器）上的 I/O 菜单中查看的安全 I/O 信号。

表 B-1　安全 I/O 信号

信号名称	说　明	位值说明	应用范围
ES1	紧急停止,链 1	1＝链关闭	从配电板到主机
ES2	紧急停止,链 2	1＝链关闭	从配电板到主机
SOFTESI	软紧急停止	1＝启用软停止	从配电板到主机
EN1	使动装置 1 和 1,链 2	1＝启用	从配电板到主机
EN2	使动装置 1 和 2,链 2	1＝启用	从配电板到主机
AUTO1	操作模式选择器,链 1	1＝选择自动	从配电板到主机
AUTO2	操作模式选择器,链 2	1＝选择自动	从配电板到主机
MAN1	操作模式选择器,链 1	1＝选择手动	从配电板到主机
MANFS1	操作模式选择器,链 1	1＝选择全速手动	从配电板到主机
MAN2	操作模式选择器,链 2	1＝选择手动	从配电板到主机
MANFS2	操作模式选择器,链 2	1＝选择全速手动	从配电板到主机
USERDOOVLD	过载,用户数字输出	1＝错误,0＝正确	从配电板到主机
MONPB	电机开启按钮	1＝按钮按下	从配电板到主机
AS1	自动停止,链 1	1＝链关闭	从配电板到主机
AS2	自动停止,链 2	1＝链关闭	从配电板到主机
SOFTASI	软自动停止	1＝启用软停止	从配电板到主机
GS1	常规停止,链 1	1＝链关闭	从配电板到主机
GS2	常规停止,链 2	1＝链关闭	从配电板到主机
SOFTGSI	软常规停止	1＝启用软停止	从配电板到主机
SS1	上级停止,链 1	1＝链关闭	从配电板到主机
SS2	上级停止,链 2	1＝链关闭	从配电板到主机
SOFTSSI	软上级停止	1＝启用软停止	从配电板到主机
CH1	运行链 1 中的所有开关已关闭	1＝链关闭	从配电板到主机

（续）

信号名称	说　明	位值说明	应用范围
CH2	运行链 2 中的所有开关已关闭	1＝链关闭	从配电板到主机
ENABLE1	从主机启用（回读）	1＝启用,0＝中断,链 1	从配电板到主机
ENABLE2_1	从轴计算机 1 启用	1＝启用,0＝中断,链 2	从配电板到主机
ENABLE2_2	从轴计算机 2 启用	1＝启用,0＝中断,链 2	从配电板到主机
ENABLE2_3	从轴计算机 3 启用	1＝启用,0＝中断,链 2	从配电板到主机
ENABLE2_4	从轴计算机 4 启用	1＝启用,0＝中断,链 2	从配电板到主机
PANEL24OVLD	过载,面板 24V	1＝错误,0＝正确	从配电板到主机
DRVOVLD	过载,驱动模块	1＝错误,0＝正确	从配电板到主机
DRV1LIM1	限位开关后的链 1 回读	1＝链 1 关闭	从轴计算机到主机
DRV1LIM2	限位开关后的链 2 回读	1＝链 2 关闭	从轴计算机到主机
DRV1K1	接触器 K1,链 1 回读	1＝K1 关闭	从轴计算机到主机
DRV1K2	接触器 K2,链 2 回读	1＝K2 关闭	从轴计算机到主机
DRV1EXTCONT	外部接触器关闭	1＝接触器关闭	从轴计算机到主机
DRV1PANCH1	接触器线圈 1 驱动电压	1＝施加电压	从轴计算机到主机
DRV1PANCH2	接触器线圈 2 驱动电压	1＝施加电压	从轴计算机到主机
DRV1SPEED	操作模式回读已选定	0＝手动模式低速	从轴计算机到主机
DRV1TEST1	检测到运行链 1 中的 dip	已切换	从轴计算机到主机
DRV1TEST2	检测到运行链 2 中的 dip	已切换	从轴计算机到主机
SOFTESO	软紧急停止	1＝设置软紧急停止	从主机到配电板
SOFTASO	软自动停止	1＝设置软自动停止	从主机到配电板
SOFTGSO	软常规停止	1＝设置软常规停止	从主机到配电板
SOFTSSO	软上级停止	1＝设置软上级紧急停止	从主机到配电板
MOTLMP	电机开启指示灯	1＝指示灯开启	从主机到配电板
TESTEN1	启用 1 测试	1＝启动测试	从主机到配电板
DRV1CHAIN1	互锁电路信号	1＝关闭链 1	从主机到轴计算机 1
DRV1CHAIN2	互锁电路信号	1＝关闭链 2	从主机到轴计算机 1
DRV1BRAKE	制动器释放线圈信号	1＝释放制动器	从主机到轴计算机 1

参 考 文 献

[1] 汤晓华，蒋正炎，陈永平. 工业机器人应用技术 [M]. 北京：高等教育出版社，2015.

[2] 叶晖，管小清. 工业机器人实操与应用技巧 [M]. 北京：机械工业出版社，2010.

[3] 叶晖. 工业机器人典型应用案例精析 [M]. 北京：机械工业出版社，2013.

[4] 吕景泉，汤晓华. 工业机械手与智能视觉系统 [M]. 北京：中国铁道出版社，2014.

[5] 吕景泉，汤晓华. 机器人技术应用 [M]. 北京：中国铁道出版社，2012.

[6] 叶晖. 工业机器人工程应用虚拟仿真教程 [M]. 北京：机械工业出版社，2013.

[7] IRB120 用户手册. ABB（中国）有限公司，2012.

[8] IRB120 用户规格. ABB（中国）有限公司，2012.

[9] IRB1410 用户手册. ABB（中国）有限公司，2012.

[10] IRB1410 用户规格. ABB（中国）有限公司，2012.

[11] IRC5 操作员手册. ABB（中国）有限公司，2012.